数学独習法

冨島佑允

JN053096

講談社現代新書

2623

はじめに

文系ビジネスマンにとっての数学

　2020年の初め、新型コロナウイルス感染症が世界中に広がって以来、多くの国々が外出制限などの厳しい措置をとる事態となりました。日本でも、同年4月7日に東京都など7都府県で緊急事態宣言が発出されたのを皮切りに、外出自粛要請や飲食店等への休業・時短要請など、国民生活に甚大な影響が及びました。

　日本で感染が拡大しはじめたころのテレビ報道を振り返ると、「指数関数」や「再生産数」など、普段聞きなれない言葉を耳にしたと思います。そういった言葉の背後には、感染拡大の勢いを予測するための数式があり、それをもとに対策を立てる専門家集団がいました。

　感染はどれくらいの勢いで広がっていくか、どこまで接触を抑えれば感染が収まるのかといったことは、すべて数式から導き出すことができます。手洗いやマスク着用が基本的な対策であることは言うまでもありませんが、新型コロナに関しては、そのような通常の対策だけでは不十分でした。外出や営業の自粛要請は、経済へのダメージという副作用があまりに大きいため、政治家の感覚だけで決めてしまえる問題ではありません。数式に基づいて、接触を何割減らせば効果が出るのかを導き出して全国民へ指示を出さなければ

なりません。第1章で触れますが、感染症の拡大を予想する数式は、とてもシンプルなものです。非常にシンプルな、限られた数式が1億2000万人の未来を左右することになるのです。

新型コロナの件に限らず、現代社会には至るところに数学が浸透しています。50階建ての高層ビルを建設したり、300トン以上もあるジェット機を飛ばしたり、月に人間を送ったりするには緻密な計算が不可欠です。また、建設、製造、航空・宇宙……といった、ものづくり産業に限らず一見「文系」のものだと思われていたビジネスの世界でも数学を駆使する人が活躍しています。

ユニバーサル・スタジオ・ジャパンを再建した森岡毅氏の著書『確率思考の戦略論　USJでも実証された数学マーケティングの力』(角川書店)はベストセラーになりましたが、本の中で森岡氏は、数学を駆使してアトラクションの需要予測を立て、USJをV字回復に導いた話を展開しています。そして巻末には、需要を予測するための高度な数式の数々が登場します。テーマパークというと一見して数学とは無縁に見えますが、その成功の裏には数学にサポートされた緻密な経営計画があったのです。

ビジネスの世界ではもはや数学が不可欠になり、「文系」であろうと苦手ながらも上手に避けて来られた人であろうと、もう元の世界には戻れません。

必要なのは全体感の理解

　今や、数学に関する基礎的な理解は「一般常識」として身に付けるべきものとなりました。数学を理解せずして現代社会を理解することは不可能なのです。そう言うと学生時代の苦い記憶が蘇って尻込みするかもしれませんが心配は無用です。

　ビジネスパーソンに求められているのは複雑な方程式を解く力でもなく、計算能力でもありません。必要なのは**全体感の理解**です。そもそも、世の中を知るために必要な教養や一般常識とは、ある分野に対する**ざっくりした理解**のことを指します。例えば私たちの多くは文学や政治学の専門家ではありません。けれども、歴代の文豪や政治家の名前、どういうことをやった人かは大まかに知っています。マナー講師でなくても最低限のマナーは知っています。数学もそういった一般常識の仲間入りをしているのです。方程式を解いたり数理モデルを作ったりといったことは得意な人たちに任せておけば問題ありません。しかし、数学の全体像や発想方法にすら不案内なままではこれからのAI時代に乗り遅れてしまうし、ビジネスチャンスを逃すことになりかねません。

　とは言え、「どんな分野で」「どのように」「数学の何が」必要になるのかが正直分かりにくいと感じる方が多いのではないでしょうか。そこで本書では、**これからの時代に特に重要視され学んでおきたい数学に焦点を絞り解説しました**。数学とは何か、どう考えるの

か、何の役に立つのかという**「数学の俯瞰図」**を頭の中に作り上げることが本書の目的です。

　数学の俯瞰図を頭に入れることには、たくさんのメリットがあります。例えば、AI、機械学習、自動運転などの最近の話題を理解するのに役立ちます。勉強嫌いな子供から「数学なんて何の役に立つの？」と聞かれたときに、戸惑わずに答えることができます。上司にビジネスの企画を提案するとき、会社や業界の状況を分析するとき、AIや機械学習を仕事へ応用したいとき、数学の全体感をつかんでおくだけでアイデアの引き出しが広がります。数学的＝理系的な思考の重要性は、今後ますます高まっていくことに疑いの余地はありません。

数学思考をインストール

　数学的＝理系的な思考の要点は、**余計なものを切り捨てて本質を浮かびあがらせる「シンプル・イズ・ベスト」**にあります。その発想法は実はとてもビジネス的で戦略コンサルタントなど**文系的な職業の思考法と多くの共通点**があるのです。けれども、学校ではそのことを教えてくれないので、数学はつかみどころのない抽象的な学問だと思われているのが現状です。

　そもそも、中学・高校のころに受けた数学の授業では、「公式を覚えて正確に解く」ことが何よりも重視されていました。結果として、全体像が見えない中、何に役立つかも分からない公式を覚えさせられ、疑問

だらけのまま取り残されてしまう生徒が後を絶ちません。数学という巨大な知識体系の中で、自分は今どこを学んでいるのか？　それが何の役に立つのか？　そのイメージがつかめていれば、挫折する人はずっと少なかったことでしょう。

　勉強嫌いな子供から「数学なんて勉強して何の役に立つの？」と聞かれたときには、そっと本書を勉強机に置いてあげて下さい。きっと数日後には、数学好きに変わっていることでしょう。

　幸いなことに、大人になってからは公式集や期末テストに追われる心配はありません（筆者は今でも期末テストに追われる夢をたまに見ますが……）。暗記やテストの負荷を逃れて、数学を大枠から眺めれば、その正体が見えやすくなります。本書を一言で形容するならば、読むだけで**理系の考えをインストールできる「未来を生き延びるための数学の見取り図」**です。皆さんの頭脳には、文系のソフトウェアが既にインストールされていると思います。本書を読むことで、理系のソフトウェアもインストールしましょう。そうすれば世界観が広がり、2つのソフトウェアの相乗効果によって、今までにない発想が生まれてきます。

　数学的アイデアの引き出しが広がるだけで新しいビジネスの立ち上げや、既存ビジネスの効率化を考えるとき「こういう数学が使えるのでは？」というヒラメキにつながり、理系の社員に相談したり、専門知識を有するIT企業に連絡を取ったりして、形にしていく

ことができます。仕事は協力しながらやるものですから自分が細かい計算までマスターする必要はありません。それに、人間の手に負えない複雑な計算はコンピューターがやってくれます。引き出しを多くして、ヒラメキの可能性を高めることが重要なのです。また、業務改善や業績向上を狙ってAIやビッグデータ分析を取り入れる企業が増えていますから、そういった提案にもつながるかもしれません。数学がビジネスへどのように応用されているかの前例が頭に入っていれば発想のバリエーションはぐんと高まるでしょう。

さて、第1章からは具体的な話に入っていくのですが、その前に、数学の全体像について大まかに説明したいと思います。数学はアプローチの方法によっていくつかの分野に分かれており、中でも最重要といえるのが**代数学、幾何学、微積分学、統計学**です。これら4つの分野は、それぞれ違った切り口から世の中の課題にアプローチしていき、解決へと導いていく心強い存在です。

代数学は分からないことをとらえる

各分野について簡単に紹介しましょう。代数学とは、数字を文字に置き換えて計算を進める方法で、古代バビロニアやギリシアで生まれ、その後ヨーロッパに渡り発展していきました。例えば、会社の売上高利益率（利益を売上高で割ったもの。経営の効率を示す指標）が

未知の数字であるときに、それを仮に「x」という文字に置き換えた上で計算式を作っていくようなやり方をいいます。代数学の「代」という字は、「未知なる数の代わりに文字を使う」という意味が込められています。この方法を使えば、まだ分かっていないデータもxなどの文字で置き換えることによって明確に思考に取り入れ、論理を構築していくことができます。つまり代数学は、「分からないこと」をとらえるための数学です。

　代数学については、**第2章**で解説します。

幾何学はカタチの数学

　幾何学とは、カタチの数学です。幾何学は英語でgeometryといいますが、この単語はもともと「土地測量」を意味していました。というのも、古代エジプトなどで、いろいろな形の土地の面積を測る必要性から、形の学問である幾何学が発展してきたという歴史があるからです。土地面積を求めるための実践的な計算技術が、いつしか学問に昇華していったものが幾何学です。ちなみに、「幾何」という漢字は「いくばく」とも読み、もともとは「どれくらいか」といったような意味があります。従って「幾何学」という日本語も、土地の広さがどれくらいかを計算するというもともとの意味につながっています。

　幾何学には形と数字を結びつける機能があります。例えば、平行四辺形の土地があるとき、そこから土地

面積という数字を導き出すのが幾何学です。現代のビジネスシーンでは、数値を図やグラフなどでビジュアル化する（＝形を与える）ことは当たり前に行われていますが、意外なことに、コンピューターの情報処理でも似たようなことが行われています。つまり、幾何学を駆使して数値データを形と結びつけることにより、創造的で高度な情報処理を実現しています。カタチとコンピューターは一見して何の関連もないように思えますが、実は深くつながっているのです。

　幾何学については、**第3章**で解説します。

微積分学は変化をとらえる

　微積分学とは、物事の変化をとらえるための数学です。もともとはヨーロッパにおいて、物体の運動を研究するために生み出されました。例えば、鉄球を斜め上へ放り投げると、しばらくは勢いよく上昇していきますが、次第に減速して空中で止まり、やがて折り返して地面に落ちていきます。このように刻々と位置や速さが変わる状況で、どのように移動距離を正確に計算するかといった研究とともに微積分学が発展してきました。その際にブレイクスルーとなったのは、「瞬間を考える」という発想法です。

　速さが変化しない場合は、小学校で習う「速さ×時間＝距離」の公式が使えます。最初の文字を取って「は・じ・きの公式」と覚えさせられた方も多いでしょう。しかし、この公式は、物体の速さが刻々と変わ

ってしまう場合は使えません。そこで、「は・じ・きの公式」をどんな場合でも使えるようにするために、ほんの一瞬だけ（例えば0.1秒間）を切り出して考えます。それだけ短い時間なら、速さは変化しない、つまり一定とみなしても支障ないでしょう。そうすれば、「速さ×時間（この例では0.1秒）＝距離」で移動距離が計算できます。そうやって、移動時間全体を微小な瞬間の集まりに分解すれば、「は・じ・きの公式」を使うことができます。そして、あとで一瞬一瞬の移動距離をすべて足し合わせれば、トータルの移動距離が計算できます。

　複雑な変化を単純なレベルまで切り刻んだ上で計算し、あとで足して元に戻す。運動の研究の中で生まれたこのような計算方法が発展し、微積分学という学問が生まれました。微積分学という言葉は、「微分と積分の学問」という意味になります。微分とは対象を微小なレベルに分解することで単純化する計算技術です。先ほどの例で言えば、瞬間を考えるということに対応します。一方で積分は分割して計算した結果を積み上げて元に戻すための計算技術です。微積分学は運動の研究から生まれましたが、現在では物体の運動に限らず、変化する物事を数学的に扱う方法としてビジネスの世界も含めて幅広く応用されています。

　微積分学については、**第4章**で解説します。

統計学は大きな視点で傾向をとらえる

　統計学とは、物事の全体的な傾向をとらえるための数学です。昨今はデータ社会とも呼ばれ、購買データなど膨大な情報をどう活用するかが企業業績を左右する時代になりました。その際に必要なのは、本質的でない情報を切り捨て、データが全体としてどのようなメッセージを伝えようとしているのかを探ることです。例えば、10万件の購買データを漫然と眺めていても、情報量が多すぎて経営判断につなげるのは難しいでしょう。そこで、データから年齢ごとの購買数を集計し、統計学を使って分析してみると、「この商品は、年齢が5歳上がるごとに1人あたり年間購買数が10個上がる比例関係にある」などということが分かります。そこから、若者の多い町で商品の棚面積を10％減らし、高齢者の多い町で10％増やせば売り上げが○○％改善するはずだといった分析につながっていきます。

　このように、膨大なデータを活用する上では、情報を絞り、全体的な傾向を見ることが重要になります。そのための数学的な方法論を提供してくれるのが統計学です。英語で統計学は「statistics」といいますが、もとは国勢データを分析する学問を意味していました。国家レベルの大所帯ともなると、国民一人ひとりの状況をつぶさに把握することは不可能です。だからこそ、人口や産業などの様々なデータを集め、それらを分析して全体像を浮き彫りにし、大多数の国民にと

って望ましいと思われる政策を実施していきます。そのために使われていた計算技術が、いつしか国家のデータを越えていろいろなデータを扱うための数学として発展し、現在の統計学となったのです。つまり統計学は、大きな視点でとらえるための数学です。

　統計学については、**第5章**で解説していきます。

数学の四天王

　以上が数学の根幹をなす4つの分野のあらましです。これら4つの分野は数学の奥義であり、いわば四天王ということで、本書ではこれらを「**数学四天王**」と呼ぶことにします（正式な専門用語ではありません。念のため）。

　最近のビジネスの話題は、数理的な要素が非常に多くなっています。AI、機械学習、ビッグデータ分析は統計学や幾何学を駆使してデータを処理していますし、自動運転は統計学の応用で、宇宙ロケットの推進原理やドローンの姿勢制御は微積分学の計算に基づいています。通勤電車に揺られながらスマホで聴いている音楽も、幾何学の範疇にある三角関数を使ってデータ処理がなされているのです。今まで何となく聞き流していた話題も、数学四天王について知っていれば、より深い理解が得られます。

　本書の構成ですが、まず第1章では、数学の全体像について俯瞰します。数学の4大分野＝「数学四天王」について紹介し、各分野がどのような考え方に基

づいているのかを文系の思考と対比しながら解説します。第2章から第5章にかけては、各分野の要点を把握した上で、どのように役立てることができるのかを見ていきます。

この本の使い方

　本書は、第1章から第5章までを順番に読むのが最もお勧めではありますが、忙しい中で全章読むのは骨が折れるという方もいらっしゃるでしょう。その場合は、まず第2章まで読み進んでいただき、その後は気になる章だけ読むという使い方もアリです。というのも、第1〜2章には、その後の第3〜5章の内容を理解する上で必要な考え方が書かれているからです。一方、第3章・第4章・第5章の内容は互いにほぼ独立しているので、興味のある章だけ読んでいただいても差し支えありません。複数の章を読む時間すらないという方は、第1章のみ読むだけでも数学の全体像をざっくり俯瞰することができます。しかし、やはり数学の全体像をしっかり知って四天王の全員と仲良くなりたいという方には、通読をお勧めします。

　本書は高度な数学を俯瞰的に眺めることで、**数学的な思考のエッセンス**をアレルギーなしにお伝えします。そのため——
①キーとなる専門用語は詳しく解説し、
②難しい数式や公式も計算も徹底的に減らし、
③数学各分野の背景にあるニーズと使い道を説明する

——ということに意を尽くしました。

　各章を紐解けば、数学が現代文明の隅々までいきわたり社会を支えていることに気付くでしょう。

　著者は大学・大学院で物理学を専攻し、大学院時代は欧州原子核研究機構（CERN）で素粒子物理学の数理解析に携わっていました。現在は数学を駆使して金融市場を分析するクオンツという仕事に就いています。数学を武器にビジネスキャリアを築いてきたので、その有用さは誰よりも実感しているつもりです。本書が数学へ近づくためのきっかけとなり、ビジネスへの応用のヒントとなれば、それに勝る幸いはありません。

目次

第1章

これからの時代に必要な
数学四天王

文系の思考も理系の思考も同じ

さて、数学の大枠を理解していく上で、事前に知っておくべき重要ポイントがあります。それは、**「数学の発想は文系の発想と同じ」**ということです。「ビジネスの発想と同じ」と言ってもいいかもしれません。今までの人生で、仕事上のタフな課題に直面したときのことを思い出して下さい。学生の方でしたら、部活やサークル、バイトなどの経験でかまいません。課題を理解し、整理し、解決へと導くために、脳に汗して考え抜いたことでしょう。限られた情報から仮説（＝課題に対する仮の答え）を導き出したり、図や絵で情報を整理したり、課題全体をシンプルなパーツに分解することで議論を進めやすくしたり。枝葉末節から目を離して全体を眺めたとき、新たな発見があったという経験をされた方もいるかもしれません。このような文系的・ビジネス的発想と全く同様の発想が数学の根本にあります。ただ**数学では言葉ではなく数式を使って思考を進めるという点が違う**だけです。

具体的に、数学四天王と文系的発想の対応を見てみましょう。数学の四大分野は、複雑な人間社会や自然界を理解していく上で、それぞれ**図1-1**のようなアプローチをとっています。

図1-1を頭に入れることが、第1章の目標です。これら四大分野は互いに独立しているわけではなく、相互に密接に関係しています。四天王は一匹狼の集まりではなく、互いの能力を出し合ってゴール（＝問題解

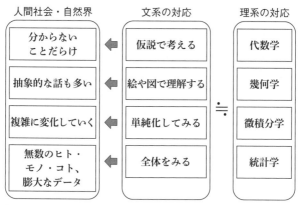

人間社会・自然界	文系の対応	理系の対応
分からない ことだらけ ⬅	仮説で考える	代数学
抽象的な話も多い ⬅	絵や図で理解する	幾何学
複雑に変化していく ⬅	単純化してみる ÷	微積分学
無数のヒト・ モノ・コト、 膨大なデータ ⬅	全体をみる	統計学

図1-1　実は文系も理系も同じことをしている

決）を目指すサッカーチームのようなものなのです。
「イレブン」ならぬ「カルテット」というわけです。
四天王のそれぞれについては第2章以降で詳しく触れ
ていきますが、本章では、その概要を文系の思考（≒
ビジネス的な思考）と対比させながら説明したいと思い
ます。

1-1　代数学：
分からないことを仮説でとらえる

仮説思考はビジネスに必須

　人間社会にも自然界にも、分からないことがたくさ
んあります。けれども、分からないからといって思考
が止まってしまえば、文明の発展はあり得なかったで

しょう。「仮説」を立てて思考を進めていかなければなりません。そういうとき、文系ビジネスマンならどうするでしょうか？　戦略コンサルタントの世界では、「仮説思考」という言葉があります。新しいビジネスを始めるとき、手元にある限られた情報から仮説を立ててストーリーを組み上げていく思考法のことです。

　例えば、ある自動車メーカーの販売が他社に比べて不調だったとしましょう。価格が高すぎる、ディーラーなどの販売チャネルが効率的でない、宣伝が足りない、などといった仮説を立てて対応策を検討していきます。このような思考法は数学でも使われていて、代数学という分野を形成しています。ただし数学なので、仮説は数字や数式に落とせるほど明確でなければなりません。つまり代数学は、自分の仮説を明確にするための学問なのです。一言でいうと、

代数学＝仮説を明確にする道具

ということです。

　代数学では、自分がまだ把握できていない未知の数字があるとき、それを x や y などという文字で置き換えて式を立て、思考を進めていきます。数字を文字で代用する学問なので「代数学」と呼ばれます。もちろん、使う文字は x や y 以外でも大丈夫で、「あ」でも「☆」でも「甲」でもいいのですが、西洋で発展した

学問であるため、通常は英語やギリシア語のアルファベットを使います。

　このように、数字を代用するときに使った文字のことを「変数」と呼びます。文字なのに“数”と付くのは違和感があるかもしれませんが、もともとは数だったものを置き換えたので、そのことを忘れないように“数”と呼ぶのです。また、“変”という字には、入る数字は変えてもいいという意味が込められています。例えば、「$y = x + 3$」という式があるとき、xには1を入れてもいいし、2を入れてもいいし、それ以外の数字を入れてもかまいません。つまり「変数」は、そこに何らかの数字が入る箱のようなものだと考えて下さい。

　例として、中学校の教科書に出てくるような問題を見てみましょう。

....

【例題】　時給はそれぞれいくらでしょう？

　飲食店で、土日は調理師5名、学生バイト2名で店を切り盛りし、全員がそれぞれ10時間働き、1日あたりの7人の給与は総額12万円（つまり時給換算だと1万2000円）でした。平日は調理師2名とバイト1名でそれぞれ10時間働き、1日あたりの給与は総額5万円（時給換算だと5000円）でした。調理師とバイトの時給はそれぞれいくらでしょう？

....

　ここでは、調理師とバイトの時給を私たちは知ら

ず、ブラックボックスになっています。そこで、ひとまず調理師1名の時給に「x」、バイト1名の時給に「y」という名前を付けて、「知ってるふり」をして式を立ててみます。この場合は、

時給x円の調理師5名とy円のバイト2名で1万2000円
$$\Rightarrow 5x + 2y = 12000 \quad\cdots\cdots\cdots\cdots\cdots\cdots①$$
時給x円の調理師2名とy円のバイト1名で5000円
$$\Rightarrow 2x + 1y = 5000 \quad\cdots\cdots\cdots\cdots\cdots\cdots②$$

となります。調理師とバイトの時給を知っているふりをして、問題文の通りに式を作ってみたわけです。

ここで、2つの文字があると分かりづらいので、1つだけに絞るため、ちょっとテクニカルなことをします。具体的には、②を2倍して①から引くことで、yを消してしまいます。実際にやってみましょう。

$①\cdots\cdots\cdots\cdots 5x + 2y = 12000$
$②\times 2 \ \cdots\cdots 4x + 2y = 10000$

①から②×2を引くと、
$$(5x + 2y) - (4x + 2y) = 12000 - 10000$$
$$x = 2000$$

このように、$x = 2000$と出てきます。xは調理師の時給なので、調理師は時給2000円だと分かりまし

た。次に、$x=2000$ を②に入れると、$4000+1y=5000$ となるので、バイトは時給1000円だと分かります。ブラックボックスに怯まず、知ってるふりをして思考を進めた結果、ブラックボックスの中身が分かったわけです。このように、「変数」とは、そこにどんな数字が入るか分からないという意味でのブラックボックスを扱うのに重宝する概念です。

関数とは変数同士の関係性

　もう一つ、代数学における重要な概念として、「関数」があります。**関数とは変数同士の関係性**のことです。この定義だけでは分かりづらいと思うので、具体例を挙げましょう。**図1-2**のように、変数 x と変数 y を結びつける関係性「？」があるとします。

　さて、関係性「？」は、どのようなものでしょうか？　y が x より常に3だけ大きいことに気付けば、「$y=x+3$」という関係であることが分かります。このよ

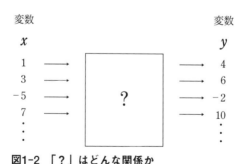

図1-2 「？」はどんな関係か

うに、変数同士を結びつける関係性のことを関数と呼びます。語源については諸説ありますが、変数同士の関係性なので「関数」と呼ぶのだと覚えれば分かりやすいでしょう。この場合は、$y = \cdots\cdots$という形で、yをxの式として表しています。数学では、「yをxの関数として表すと$y = x + 3$となる」といった言い方をします。

　変数と関数を使って、ビジネスの課題を解いてみましょう。

....

【例題】　広告費をいくらにすべき？

　清涼飲料水を販売するA社は、新商品のテストマーケティングを行いました。具体的には、テスト用に選

店舗No.	広告費(円)/月	平均販売本数/月
01	0	5
02	100	10
03	200	15
04	300	20
05	400	25
06	500	30
07	700	40
08	900	50
09	1,100	60
10	1,300	70

表1-3
広告費と販売本数

定された10店舗に限定して販売します。広告の効果を確かめるため、新商品の広告費として店舗ごとに異なる予算が割り当てられました。テストマーケティングは半年間実施され、結果は**表1-3**の通りです。

　テストマーケティングの結果を受けて、A社は新商品の製造ラインを拡充し、販売網を100店舗へ拡大する決定を下しました。そのための設備投資は600万円かかります。また、新商品の原価は50円、販売価格は150円なので、1本あたりの利益は100円です。設備投資を1年で回収するには、1店舗あたり月間いくら以上の広告費を予算計上すべきでしょうか？　ただし、原価には設備投資と広告費を除く諸費用（在庫の管理コストや人件費等）がすべて含まれているとします。

　実際のビジネスの世界では、広告費と販売本数がここまできれいに比例することはないでしょうし、広告費をかければかけるほど販売が伸びていくわけでもないと思います。ただ、ここでは代数学の考え方を知るために、あえてシンプルな状況を想定しています。では、どのような考え方をするのか見ていきましょう。

　600万円を1年（＝12ヵ月）で回収するということは、1ヵ月あたり50万円（＝600万円÷12）の利益が必要になります。これを100店舗が分担して稼ぐとなると、1店舗あたり毎月5000円です。「なんだ簡単だ。新商品1本あたりの利益が100円なので、5000円を100円で割って、店舗あたり月間50本を売れば良いこと

になる。だから広告費は900円だ」と思われた方もいらっしゃるかもしれません。しかし、広告費も売り上げから回収しなければならないので、話はそう簡単ではありません。

　そこで、思考を整理するために、代数学を使います。1店舗あたりの毎月の利益は、新商品の販売益から広告費を引いたものになるので、

　　毎月の利益＝平均販売本数×100円−広告費……①

と表せます。ここでは、「毎月の利益」、「平均販売本数」、「広告費」という3つの変数が出てきていますね。そして、「毎月の利益」を、「平均販売本数」と「広告費」の関数として表しています。繰り返しになりますが、xやy以外の文字を使ってもいいのです。ここでは、日本語をそのまま使っています。1店舗あたり毎月5000円稼ぐ必要があるので、①の「毎月の利益」が5000となるような「広告費」の値が分かれば良いことになります。

　ここまでは、特に何かの仮説を立てたというわけではなく、当たり前の計算をしただけです。けれども、①には「毎月の利益」と「広告費」の他に、「平均販売本数」という変数が入っているので、このままでは「毎月の利益」と「広告費」の直接的な関係が分からず、先に進めません。そこで、テストマーケティングの結果を活用します。

表1-3を見ると、広告費を全く使わない店舗でも月5本は売れています。A社のファンや、新商品なら何でもトライする新しもの好きが一定数いるからでしょう。それ以降は、広告費を100円増やすごとに平均販売本数が月5本ずつ増えています。このことから、「平均販売本数」が「広告費」と次のような関係にあるという"仮説"を立ててみましょう。

〈**表1-3のテストマーケティング結果をもとに立てた仮説を関数として表したもの**〉

$$平均販売本数 = 5 + 広告費 \times \frac{5}{100} \quad \cdots\cdots\cdots\cdots ②$$

（※5を100で割っているのは「広告費100円ごとに5本増える」という状況を表すため）

　②は、「平均販売本数」を「広告費」の関数として表したものになります。解決への道を切り開くために、テストマーケティングの結果から仮説を立て、それを②のような関数として表現したわけです。①の「平均販売本数」のところに②を入れると、

$$毎月の利益 = \left(5 + 広告費 \times \frac{5}{100}\right) \times 100 - 広告費$$

となって「毎月の利益」と「広告費」だけの関係が出てきます。計算を進めて、もっとすっきりした式にしましょう。

$$毎月の利益 = \left(5 + 広告費 \times \frac{5}{100}\right) \times 100 - 広告費$$

$$毎月の利益 = 500 + 広告費 \times 5 - 広告費$$

← カッコの部分を計算した

$$毎月の利益 = 500 + 広告費 \times 4 \quad \cdots\cdots\cdots\cdots\cdots\cdots③$$

← 「広告費」の部分をまとめた

③が、「毎月の利益」と「広告費」の直接的な関係を表す式になります。③を詳しく吟味すると、テストマーケティングを受けて立てた仮説がうまく反映されていることが分かります。まず、③の右辺の「500」は、広告費をかけなくても（広告費＝0としても）毎月5本は自然に売れるので、500円の利益（＝5本×100円）は得られることを意味しています。また、右辺の「広告費×4」は、広告費を増やすことでどれだけ利益が増えるかの比例関係を示しています。例えば、広告費を100円増やした場合、テストマーケティングの結果によると売上が5本増えるので、商品の販売益は500円増えます。しかし、広告費100円をそこから補填しないといけないので、店の利益としては400円しか増えません。だから「×4」となっています。

ここまでくれば簡単です。③を使って、「毎月の利益」が5000となるような「広告費」はいくらになるのか計算してみましょう。

$$5000 = 500 + 広告費 \times 4 \qquad \leftarrow \begin{array}{l}③の「毎月の利益」\\に5000を入れた\end{array}$$

$$500 + 広告費 \times 4 = 5000 \qquad \leftarrow \begin{array}{l}式の左と右を\\ひっくり返した\end{array}$$

$$広告費 \times 4 = 4500 \qquad \leftarrow 数値の部分をまとめた$$

$$広告費 = 1125 \qquad \leftarrow 4で割った$$

<u>答え：1店舗あたり月間1125円以上の</u>
<u>広告費を予算計上すればよい</u>

　以上のように、分からない数字に名前を付け（それを「変数」と呼びます）、不明な関係性に数学的な規則性を仮定する（その関係性が「関数」です）ことによって思考を進めていく方法が代数学です。この問題では、①と②という2つの式を使って、問題を解く決め手となる式③を作りました。①は問題を解くための大前提、②はテストマーケティングの結果から独自に導いた仮説です。数式を使えば、どこまでが大前提で、どこからが独自の仮説なのか、明確に切り分けて考えることができます。

　現実の市場は複雑なので、この例ほど簡単にはいかない場合が多いでしょう。店舗ごとの立地など、他にも考慮すべき要素はたくさんありそうです。しかし、その場合も考えるべき変数が増えるというだけで、基本的な発想は変わりません。「変数」、「関数」という

概念を使えば、自分の思考を数学的に整理し、明確に伝達することができます。

　似たような言葉がいろいろ出てきてややこしいので、ここで改めて整理しましょう。

〈代数学における言葉の整理〉
　代数学：未知の数字を文字に置き換えて思考する学問
　変数：数字を置き換えた文字のこと
　関数：変数同士の関係性

　代数学がどのような場面で活用されているかは第2章で詳しく説明しますが、本当に幅広い分野で応用されています。例えば、2020年初めに世界を襲った新型コロナウイルスの対策において感染症の専門家が集まった当初の厚労省クラスター対策班は、「新規感染者数」を最も重要な変数だとみなして方針を立てていました。新規感染者数は、週末の人出やクラスターの発生状況などいろいろな要素で決まってくるので、正直言ってブラックボックスです。しかし、無策では日本社会が破綻してしまうので、歯を食いしばって考えなければなりません。そこで代数学の出番となるわけですが、感染症の専門家は、次のような関数を仮説として採用しています。

感染者数の増減

＝ a ×未感染者数×感染者数 － b ×感染者数

※一定期間に発生　　　　※一定期間のうちに、
する新規感染者数　　　　回復または死亡によ
り「感染者」でなく
なる人数

（※ a は感染拡大の勢い、b は一定期間に回復または死亡する
人の割合）

〈変数の定義〉

未感染者数：まだ感染していない人（つまり、今後感
染する可能性がある人）の総数

感染者数：現時点で感染している人の総数

　この数式は一定期間（例えば24時間）における感染者
数の増減を表しています。

　右辺がやや複雑なので説明しますと、「a ×未感染
者数×感染者数」は、新たに感染する人数を表してい
ます。現時点での感染者が多いほど新規感染者も多く
なると考えられますが、既に大多数が感染済みで集団
免疫が獲得されていれば感染は抑制されます。つま
り、感染者が多くても未感染者が少なければ、感染は
広がらないのです。逆に言えば、感染者が多くて、か
つ未感染者も多いときに新規感染者が最も多くなりま
す。このような状況を考慮するために、こちらの数式
では、新規感染者数が「未感染者数×感染者数」に比
例すると考えています。そして、a は感染拡大の勢い

を表す数値で、値が大きいほど感染の勢いが強いことを示しています。

次に、「b×感染者数」という部分ですが、ここは、回復するか死亡するかして感染者ではなくなる人を表しています。bは、感染者のうち、一定期間内に回復または死亡する人の割合を表しています。感染者でなくなった人は除いて数えないといけないので、引き算をしているわけです。

ここで重要なのは、感染拡大の勢いを表すaの値です。aが具体的にどんな数字かは実際の感染者数の推移から割り出せるわけですが、外出自粛などの対策を徹底すればaが小さくなり、やがて流行は収まります。このaを少しでも小さな数字にすることが新型コロナ対策における至上命題でした。2020年春に打ち出された「人との接触を8割減らす」という方針も、こういった数学的分析から出てきたものです。

このように、**分からないで済ませることなく、仮説を立てて前へ進んでいくための学問が代数学**です。代数学については**第2章**で詳しく説明します。

1-2 幾何学： イメージをカタチにしてとらえる

まずはデータをビジュアル化

今は、データの活用がビジネスの命運を決めると言われるまでになりました。自社や競合他社の売り上

げ、消費者の購買動向、商品の検索履歴など様々なデータが収集され分析されています。データの活用はますます重要になっていく一方で、それ自体は目に見えず、つかみどころがないという難点もあります。そういった難点を克服できれば活用への道がさらに広がっていくに違いありません。でも、どうすれば良いのでしょうか？

　有効な方法として、ビジュアルの活用があります。人間は、目で8割の情報を得ると言われるほど視覚優位の動物なので、ビジュアル化は理解を大いに助けます。ビジネスにおいても、グラフや表をうまく取り入れたプレゼンの方が評価されたりするでしょう。それは、視覚に訴えることで、プレゼンターの主張が理解しやすくなるからです。目に見えるものに置き換えることができれば、理解が進みます。

　そこで、数学の一分野である幾何学の出番です。世間のイメージと違って、数学は人間に寄り添う学問であり、人間にとって理解しにくいものを理解しやすく翻訳するという機能を持っています。そのうち幾何学は、データなど抽象的な対象に形（＝イメージ）を持たせることで理解を助ける学問です。というのも、そもそも幾何学は形を研究する分野ですが、それに加えて**形なきもの（＝データなど）を形あるものに置き換える**という機能も持っているからです。幾何学を使って抽象的なデータを「カタチ」に置き換えることで、データ分析が発展してきました。

幾何学 = 視覚化する道具

ということです。

　例えば、中学校で習ったピタゴラスの定理を思い出して下さい。直角三角形の各辺の長さが、

$$底辺^2 + 高さ^2 = 斜辺^2$$

の関係にあるという定理のことです。この定理は図形に関するものなので、幾何学の範疇にあります。ここでは具体例として、ビッグデータ分析にピタゴラスの定理が応用されているケースを見てみましょう。

　図1-4は、成人男女の身長と髪の長さのデータですが、性別データは欠けてしまっています。そこで、身長と髪の長さだけから、性別を判定する方法を考えたいと思います。表のままだと分かりづらいので、縦軸を身長、横軸を髪の長さとしてグラフ化してみましょう。データはランダムに散らばっているように見えますが、よく観察すると、2つの塊に分けることができそうです。感覚的に、左上は男性、右下は女性の集団だと推測できそうです。ビッグデータ分析の世界では、データの分布が塊を作っているとき、その塊のことを「クラスター」と呼びます。こちらの例では、左上が"男性"のクラスター、右下が"女性"のクラスターということになります。

身長と髪の長さのデータ

身長（cm）	髪の長さ（cm）	性別
167.2	8.7	?
155.4	24.9	?
178.8	7.5	?
……		

 データを視覚化する

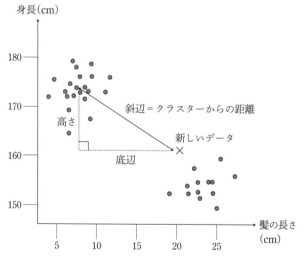

図1-4　ピタゴラスの定理で距離を求められる

データの視覚化は理解を助けますが、それだけでは不十分です。例えば、新しいデータ（図中に×で表されたもの）が追加されたとき、それが男性のものか、女性のものか推定したいとします。このとき、目で見て「右下あたりだから女性だな」といったように主観的に判定する方法もありますが、第三者から見て判断基準があいまいになってしまいます。それに、大量のデータを扱う現代のビジネスシーンにおいては、人間が目で見て判断していくというやり方では限界もあります。そのため、コンピューターの計算に落とし込めるような客観的な基準が必要です。そこで、カタチの数学、すなわち幾何学を使って、判断基準を明確に決めましょう。

　単純に考えると、新しくやってきたデータが、男性クラスター（左上）に近い位置にあるのか、それとも女性クラスター（右下）に近い位置にあるのかをもとに判断するのが良さそうです。近いか遠いか、すなわち、クラスターまでの"距離"を見ればよいことになります。

　具体的には、図1-4に示されているように、それぞれのクラスターの重心からの距離を求め（重心はまた別の計算で求めるのですがここでは省きます）より近い方のクラスターに属していると判断します。コンピューターでの計算を想定していますから実際にグラフを描いてみて定規を当てて距離を測るといったアナログな手段は使えません。そこでピタゴラスの定理の出番です。

ピタゴラスの定理は、本来は直角三角形の斜辺の長さを求めるための定理ですが、うまく応用すれば2点間の距離が測れてしまうのです。そのための一工夫として、**図1-4**にあるようにクラスターの重心とデータを結ぶ直線を斜辺とする直角三角形を考えます。すると、求めるべき距離は、直角三角形の斜辺の長さだということになります。直角三角形の斜辺の長さなので、ピタゴラスの定理によって求めることができます。

　このように、データをグループ分けするときは、データ間の距離をピタゴラスの定理によって求め、距離が近いもの同士をグループと考えれば良いのです。このような分析手法はビッグデータ分析や機械学習に取り入れられていて、「クラスター分析」と呼ばれています。近年では、顧客の特徴、売れる本と売れない本の特徴、ヒット曲とそうでない曲の特徴など様々な分類にクラスター分析が応用されています。

　データ量が大きくなると、すべてのデータ点について距離を求めるという計算は膨大な作業量になります。この例に限らず、機械学習は膨大な計算を必要とするものがほとんどなので、長いこと普及はしていませんでした。しかし現在では、強力なコンピューターを安価に利用できるようになったため、様々な分野で急速に応用が拡大しています。

三角関数とは何だったのか

　データ解析の事例は少し抽象的に思われたかもしれ

ないので、より身近な応用例も紹介しましょう。著者には小さな子供が2人いますが、ベビーカーでお出かけしているときは、勾配のきつい斜面の移動はかなり大変です。例えば、多くの歩道橋は中央部分がスロープになっていて、自転車や車いす、ベビーカーなどが通れるようになっていますが、勾配がきつい場合は昇るときに体力がいるし、降りるときもかなりビクビクします。一方、大きな駅の構内にあるスロープは勾配が緩やかに設計されているので、安心して通ることができます。実は、このような勾配の設計に**三角関数**が使われています。

　駅構内のスロープや歩道橋などを設計する際は、使えるスペースや利便性などを考慮して勾配を決めることが必要になります。例えば、歩道橋は、スペースが限られた道路に設置されることに加え、自動車や街路樹などに接触しないような高さが求められるため、勾配を急にせざるを得ない場合があります。一方で、駅などの公共施設や病院ではバリアフリーが重視されるため、緩やかな勾配を多く見かけます。このように、状況に応じて傾きを適切に設計するために、三角関数が利用されます。

　勾配は、地面に接する部分の長さ（水平長）と、地面からの高さ（垂直長）の比によって分類されます。例えば、45°の勾配は水平長と垂直長が同じなので、1/1勾配などと呼ばれます。高齢の方にはかなりきつい勾配ですね。車いすやベビーカーでは、とても通れ

ません。歩道橋などにしばしば見られるものに、1/2
勾配があります。こちらの場合、勾配の角度は27°に
なります。歩いて通る分には問題ありませんが、車い
すやベビーカーだと、結構きついでしょう。平成18
年に制定されたバリアフリー新法では、高齢者等の円
滑な移動のために1/12勾配が推奨されています。こ
の場合、角度はたったの5°になるので、車いすでも
安心して通ることができます。

「この話のどこが三角関数なのだ？」と疑問に思われ
たかもしれませんが、勾配の角度と、垂直長・水平長
の比の関係は三角関数の一種である「タンジェント」
を使って求めているのです。高校時代に三角関数を習
った方は、「タンジェント」という言葉の記憶がうっ
すら残っているかもしれません。**タンジェント**
(tangent)とは、**直角三角形の高さを底辺で割った**
値、つまり高さと底辺の比のことです。**図1-5**を見る
と分かりやすいと思います。傾斜の角度が変わると高
さと底辺の比も変わるので、タンジェントは角度の式
として表されます。通常は、最初の3文字を取って
tanと表記されます。

　図1-5にあるタンジェントの定義だけでは、抽象的
でよく分からないと感じるかもしれません。それに、
なぜこれが「三角関数」の一種であるとされるのか
も、この時点では不明です。そこで、この関係を、も
う少し違った視点から見てみましょう。**図1-6**は、タ
ンジェントの持つ機能を図式化したものです。タンジ

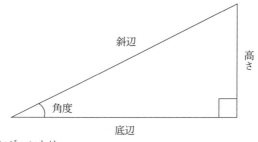

タンジェントは
高さと底辺の比。
数式では右の
ように書く。

$$\tan 角度 = \frac{高さ}{底辺} \quad \Longrightarrow \quad (例) \tan 5° = \frac{1}{12}$$

図1-5　タンジェントの定義

ェントは、直角三角形の傾斜の「角度」と、「高さと
底辺の比」を関係付けています。この図式、どこかで
見た記憶がありませんか？　……そう。代数学のとこ
ろで出てきた**図1-2**です。

　図1-2の *x* を直角三角形の「角度」、*y* を「高さ÷底
辺」に置き換えれば、そのままタンジェントになりま
す。タンジェントは、「角度」という変数と、「高さ÷
底辺」という変数を結びつける関係性、つまり関数だ
ったのです。三角形についての関数なので、「三角関
数」と呼ばれます。

　タンジェント以外には、サイン（sine）、コサイン
（cosine）といったものもあります。これらはタンジェ
ントと同じ三角関数の仲間ですが、「sin角度＝高さ÷
斜辺」、「cos角度＝底辺÷斜辺」のように定義されて

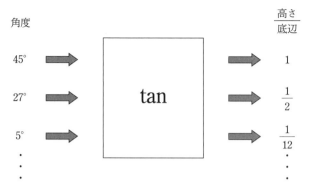

角度		高さ／底辺
45°	tan	1
27°		$\frac{1}{2}$
5°		$\frac{1}{12}$
⋮		⋮

図1-6　タンジェントは「角度」と「高さ÷底辺」を結びつける関係性（＝関数）

います。なぜ、長さそのものでなく長さの比を使うのかというと、長さそのものを使って定義した場合、三角形の大きさが変わると通用しなくなるからです。長さの比を使って定義しておけば、三角形がアリさんサイズだろうが、手のひらサイズだろうが、富士山くらい大きかろうが、いつでも当てはめることができます。だからこそ、三角関数は長さの比を使って定義されるのです。サインも、コサインも、タンジェントも、三角形についての変数（長さの比と角度）を結びつける関係性（＝関数）なので、まとめて三角関数と呼ばれています。

　さて、歩道橋の話に戻りましょう。タンジェントは、歩道橋やバリアフリー施設などで通路の勾配を設計するときの、傾斜の角度と水平長・垂直長の対応を

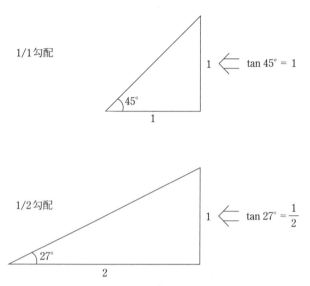

1/1勾配

1

$\tan 45° = 1$

45°

1

1/2勾配

1

$\tan 27° = \dfrac{1}{2}$

27°

2

図1-7　スロープを直角三角形とみなせば三角関数を活用できる

ズバリ表しています。**図1-7**に、その対応を示しました。例えば、1/2勾配の傾斜は27°だという話をしましたが、なぜ27°と分かるのかというと、$\tan 27° = \dfrac{1}{2}$ という三角関数の関係が数学者によって明らかにされているからです。

　スロープを直角三角形とみなせば、ある傾きの斜面を設計したいとき、垂直長、水平長をどう取れば良いのかをタンジェントを使って計算できます。例えば、

1/2勾配における角度と水平・垂直長比の関係を三角関数で表記すると、$\tan 27° = \frac{1}{2}$ となります。バリアフリーの基準とされる1/12勾配の場合は、$\tan 5° = \frac{1}{12}$ となります。「$\tan \square = \bigcirc$」という式の□に角度を入力したとき、○が何になるのかは、過去の数学者が調べ尽くしてリストにしています。勾配の設計者は、それを利用すれば良いのです。

　他にも様々な応用例があるのですが、それらについては**第3章**で紹介していきます。

1-3　微積分学：
　　複雑な物事を単純化してとらえる

小さな変化だけを見てみる

　世の中も自然現象も複雑に変化します。複雑な状況に直面したときは、どう考えて良いかが分からず思考が止まってしまうこともあるでしょう。そんなときに有効なのが、「単純化して考える」という発想です。シンプルに考えることの大切さは、ビジネス界の成功者も強調しています。Googleの共同創業者であるセルゲイ・ブリンは、「成功は単純さから生まれる（Success will come from simplicity）」と言っていますし、京セラの創業者である稲盛和夫は、「賢い奴は複雑なことを単純に考える」という名言を残しています。状況を単純化すれば頭のオーバーフローを避けることができ、思考が前に進むわけです。

例えば、小学校時代に習った「速さ×時間＝距離」という公式（は・じ・きの公式）によると、自動車に乗って時速50kmで2時間走れば、走行距離は100km（＝50km×2）になります。しかし実際の運転では、信号で止まったりカーブで減速したりするので、速さが刻々と変化します。この公式は速さが一定の場合にのみ成り立つので、そのままでは使えません。

　小学校で習った公式は明快ではあるけれど実際の状況に当てはめるには単純すぎるのです。そこで微積分学では発想を逆転させ、「ならば状況の方を単純にしてしまおう」と考えます。複雑な状況をそのまま無理して扱おうとするのでなく、まずは単純化した上で考えようということです。そのために非常に小さな変化に着目します。幾何学では抽象的なものをカタチにすることによって理解を助けましたが、微積分学では小さな変化を考えることで人間の理解を助けるのです。

　自動車の速さは刻々と変わりますが、ほんの小さな時間、例えば0.1秒を切り出して考えると、速さは一定とみなしてもよいでしょう。0.1秒という短い時間に加速や減速を繰り返すほど俊敏な運転手は存在しないからです。それほど短い間隔だと速さは一定とみなせるので、「速さ×時間＝距離」の公式が使えます。

　イメージしやすいように、具体例で考えましょう。自動車で走っている間、表1-8のように、0.1秒ごとに速度メーターの表示を記録していきます。例えば、ある瞬間の速度メーターの表示が50.5km/hだったとす

経過時間	その瞬間の速度メーターの表示	時間間隔	走行距離（「速さ×時間＝距離」で計算）
0.0秒	50.1km/h	0.1秒	1.39m
0.1秒	50.5km/h	0.1秒	1.40m
0.2秒	50.7km/h	0.1秒	1.41m
……	……	……	……
1時間59分59.8秒	55.8km/h	0.1秒	1.55m
1時間59分59.9秒	55.4km/h	0.1秒	1.54m

表1-8　0.1秒ずつに区切って走行距離を調べる

ると、それから0.1秒間の間に車はどれくらい進むでしょうか？　具体的に計算してみましょう。1時間は3600秒なので、0.1秒は「3万6000分の1時間」です。また、50.5km/hという速さをメートル単位で表すと、50500m/h（5万500メートル/時）となります。さて、移動距離を求める際ですが、**0.1秒という短い期間であれば、速さが変化しない（一定である）と考えても差し支えないでしょう。ですから「は・じ・きの公式」を使うことができます。**

　（速さ）　　　　（時間）　　　（距離）
　50500m/h × 1/36000時間 ＝ 1.40m

　0.1秒という短い期間について「は・じ・きの公

式」を適用し、移動距離を1.40mと求めました。同様の計算を繰り返せば、各瞬間の走行距離を算出することができます。

このように状況が単純になるまで細かく切り刻む思考法を数学では「微分」と呼びます。微小（→単純）な変化にまで分解するから「微分」と呼ばれているわけです。ちなみに微分は英語で「differential」といいます。これには「小さな変化（difference）を見る」という意味が込められています。今回の例で言うと速さが変化するので「は・じ・きの公式」は使えないはずでしたが、時間を細かく切り刻むという工夫によって「は・じ・きの公式」を使うことができました。

分けたものを積み上げて元に戻す

ただし、細かく切り刻んだままでは使い物になりません。この例でも、0.1秒間の走行距離が分かっただけでは何の役にも立たないでしょう。走行時間が2時間だったとして、0.1秒で刻むと7万2000個に分かれます（1時間が3600秒で、それを0.1秒で刻むと3万6000個に分かれるので、その2倍）。このままでは、7万2000個の数字の羅列があるだけです。2時間で結局どれくらい進んだのかを調べるには、この数字をすべて足し上げ、2時間トータルの走行距離に戻してあげる必要があります。このように、微分の考え方に従って切り刻んだものを、足し合わせて元に戻すのが「積分」です。積み上げることで、分かれたものを元に戻すから「積分」

と名付けられています。積分は英語で「integral」ですが、これには「分かれたものを統合（integrate）して元に戻す」という意味が込められています。まとめると、

微分＝小さな変化を見る（→単純化する）道具
積分＝元に戻す道具

ということです。微分で状況をシンプルにして計算したあと、積分で元に戻すことによって複雑な問題に対処します。

　高校時代に微積分学を学んだ方は、テスト対策でたくさんの公式を覚えさせられて大変だったかもしれません。微積分の公式集に載っていたたくさんの数式は、微積分学の考え方を数式に当てはめたらどうなるかということを過去の数学者が地道に調べた結果をまとめたものです。変化の状況が数式できれいに表せる場合は、公式集に載っている関係式が役に立つこともあります。一方、自動車の走行距離のようなケースでは、路面の状況や赤信号につかまるかどうかなどいろいろな交通事情で速さが変わっていくので、きれいな数式で関係を表すことはできません。それでも、微分・積分の考え方は問題なく当てはめることができるのです。つまり、大切なのは公式を覚えることではなく、微積分学の考え方を知ることです。

飛行機を飛ばすためには

　微積分学が活躍している具体例として、飛行機の話をしましょう。飛行機は巨大な金属の塊で、ジャンボジェット機などは300トン以上もあるので、空を飛ぶためには緻密な設計が必要です。そのため、飛行機を設計する際は、周辺の空気の流れ、機体にかかる圧力（気圧）などを解析しなければなりません。そこで、航空機メーカーは、コンピューターを使った飛行シミュレーションを行いながら機体を設計していきます。

　飛行機の周囲を取り巻く空気の流れは、とても複雑です。まず、飛行機そのものが胴体、主翼、尾翼、ジェットエンジンなどいろいろなパーツから構成されているため、単に飛行機の周辺といっても、どの部分かによって空気の流れは大きく異なります。また、どこかの方角から風が吹いてきたり、機体の姿勢が変わったりなど、ちょっとしたことでも空気の流れは変わってしまうのです。

　このような複雑な状況を扱うために、微積分学が必要になります。具体的な手順としては、飛行機周辺の空間をコンピューター上で小さなブロックに切り分け、ブロックごとに気圧を計算します。気圧の計算が重要なのは、飛行機が羽の上側・下側の気圧差から生じる力（＝揚力）によって飛ぶからです。

　気圧を計算するためには、ブロックごとの空気の出入りを把握する必要があります。例えば、あるブロックに入ってくる空気の量が出ていく量よりも多けれ

ば、そのブロックにおける空気の密度が上昇し、気圧が上がります。朝の通勤ラッシュでは、乗ってくる人数が降りていく人数より多いために車両内の人口密度が高まっていきますが、それと同じようなイメージです。逆に、通勤時間帯を過ぎれば、乗ってくる人数が降りていく人数より少なくなるので、車両内の人口密度が下がっていきます。同様に、あるブロックに入ってくる空気の量が出ていく量よりも少なければ、そのブロックにおける空気の密度が低下するため、気圧が下がります。

　このように、小さなブロックへの空気の出入りという問題に落とし込めば、コンピューターを使った計算が可能になります。小さなブロックに切り分けるという方法には、微小に刻むことで単純化するという微分の考え方が活かされています。

　しかし、単に小さなブロックに切り分けただけでは、そのブロックへの空気の出入りをどうやって計算するのかという課題が残ってしまいます。そこで、もう一段踏み込んだ単純化を行います。先ほどの自動車の例と同じように、微分の考え方を使って非常に短い時間に刻むのです。自動車の例では、短い時間を切り出すことで「は・じ・きの公式」が使えるようになりました。空気の流れの場合は、非常に短い時間だけを切り出すと「ナビエ・ストークス方程式」と呼ばれる数式に従うことが分かっています。これは、空気の流れを計算するための公式のようなものだと思って下さ

い。自動車のときと同様に、瞬間を考えることで公式が使えるようになるわけです（ただし、「は・じ・き　の公式」と違って極めて専門的な数式なので、本書では詳細には触れません）。

　小さなブロックに区切ることで単純化（←微分の考え方）し、さらに、短い時間を切り出すことでもう一段の単純化（←微分の考え方）をするという、2段がまえで微分の考え方を適用するという話でした。ブロックごとの気圧の計算が終わった後は、積分を使って計算結果を足し合わせることで元に戻します。そうすると飛行機全体にかかる気圧が分かり、安全に飛べるのかを分析することができます。飛行機が安全に空を飛べるのは、微積分学のおかげなのです。

　微積分学のより詳しい話は**第4章**で紹介していきます。

1-4　統計学：
大きな視点で俯瞰してとらえる

集めたデータでわかること

「木を見て森を見ず」ということわざがあるように、細かい点に注意が行きすぎると、本質を見誤ってしまうリスクが高まります。膨大なデータを丹念に収集しても、それだけでは情報量が多すぎて、具体的なアクションにつなげるのは難しいでしょう。意思決定に活用するには、情報量を減らし、全体像にフォーカスす

ることが肝要です。

　仕事をする上でも、全体感を持たず枝葉末節にこだわりすぎると、うまくいかないことが多いものです。仕事がデキる人は、まず全体像をとらえた上で、「何に注目し、何を捨てるか？」を考えます。多くの業界では、新人のころは電話取りや事務作業などで業務に慣れることから始めますが、職階が上がるにつれて、ビジネスの全体像に対する理解、いわゆる「俯瞰力」が求められるようになっていきます。社長や役員にいたっては、俯瞰力の有無が会社の命運を左右することになるでしょう。数学の世界では、膨大なデータの全体像を把握する「俯瞰力」を生み出す方法論が、「統計学」という理論体系にまとめられています。

　例えば、**表1-9**のような購買データがあったとしましょう。このままでは情報の羅列に過ぎませんが、購入者の年齢分布だけに着目してグラフ化すると、**図1-10**のように10代の購入が最も多いことが分かります。統計学では、グラフの最も高い部分を「最頻値」（頻度が最も高いという意味）と呼びますが、この場合は10代が最頻値ということになります。データによると、この商品は若い人に受けがいいという仮説が成り立ちそうです。そこから、学校近くの店舗でこの商品の棚面積を拡大しようとか、具体的な判断につなげることができます。

　このように、**余分な情報を切り落とし、全体の散らばり具合だけを見るのが統計学の考え方**です。そうす

性別	年齢	きっかけ	購入回数	満足度	知人に勧めたいか	……
男性	30代	Web検索	初回	3	いいえ	
女性	50代	知人の紹介	3回目	4	はい	
女性	10代	SNS	初回	3	はい	
……						

表1-9　ある商品の購買データ

 他の情報を切り落とし年齢の散らばり方だけに注目

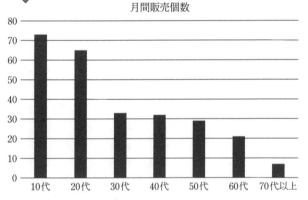

月間販売個数

図1-10　年齢と販売個数

ることで俯瞰力が発揮され、特徴がつかめるわけです。先の例では、年齢の散らばり方だけに注目することで、その商品が10代に受けがいい（10代が最頻値である）ことが分かりました。端的に言えば、

統計学＝全体を俯瞰する道具

ということです。

統計学者ナイチンゲールの医療革命

　俯瞰力を発揮することで、人間の知性の限界を超えた事例があります。近代看護の生みの親ともいわれるナイチンゲールは、実は統計学の専門家でもあり、英国王立統計協会の史上初の女性会員に選ばれるほどの実力を持っていました。彼女が統計学の知識を活用したのは、もちろん医療の世界です。

　ナイチンゲールは、看護師団長としてクリミア戦争に派遣されたとき、英国軍の負傷者や戦死者についての膨大なデータを収集し、統計学を駆使して分析しました。その結果、戦争による直接の死者よりも病院の劣悪な衛生環境による死者の方が圧倒的に多いことを突き止めたのです。例えば、当時は包帯を使い回すことが当たり前のように行われていましたが、新しい包帯を使った患者と使用済みの包帯を使い回した患者では、その後の死亡率が明らかに異なることが分かりました。このことから新しい清潔な包帯を使うことによって、患者の死亡率を下げることができたのです。さらには病院のトイレ掃除や衣服の洗濯も含め、あらゆる衛生環境の改善に努めた結果、40％超だった死亡率を5％まで下げることに成功しました。

　ナイチンゲールの時代には、身の回りや医療器具を

清潔に保つとなぜ死亡率が下がるのか、その原理は分かっていませんでした。現代でこそ、不潔な環境には目に見えない病原体がまん延していることは常識として知られていますが、そういうことが分かっていなかった時代に、患者のデータだけから正しい道筋に至ることができたのは、彼女が統計学者だったからに他なりません。統計学を駆使することで、たとえ事象の背後にある真のメカニズムが分からなかったとしても、実用に耐える仮説を作ることができるのです。

新薬の臨床試験の仕組み

　現代における統計学の応用例として、新薬の検証について見てみましょう。新薬の開発には長い時間がかかり、費用は数百億円にも上ると言われます。それだけ莫大な時間と資金を使う上に、人体に使用するものですから、本当に効き目があるかどうかの検証は慎重に行わなければなりません。そのために採用されているのが「ランダム化比較試験」です。この試験では、患者をランダムに2つのグループに分け、一方には新薬を、もう一方には全く同じ見た目の偽薬を処方します。ちなみに偽薬としては、無害な物質であるブドウ糖などが使われることが多いようです。

　なぜ一方のグループに偽薬を処方するかというと、有効成分が入っていないにもかかわらず、薬だと信じ込むことで本当に症状が改善する場合があるからです。これは「プラセボ効果」と呼ばれていて、一部の

患者に発生することが知られています。薬は大なり小なり副作用を伴いますから、プラセボ効果と同程度にしか症状が改善しないのであれば、わざわざ新薬を処方する必要はありません。そこで、偽薬を処方されたグループと本物の新薬を処方されたグループの経過を比較することで、新薬の効果を確かめるのです。

　しかし、結果の比較はそう簡単ではありません。人による体質や体力の違いがあるため、効果のある薬を処方されたのに回復が遅い人もいれば、逆に、偽薬を処方されたのにたまたま回復が早い人もいます。人による違いを考慮した上で、本当に効果があると判断するには、どうすれば良いでしょうか？　そこで登場するのが統計学です。イメージしやすいように、具体的な例で考えていきましょう。

・・

【例題】　新薬の臨床試験

　新型ウイルス感染症のための新薬が開発され、臨床試験が始まりました。患者の同意を得た上で、100人の患者を50人ずつのグループに分け、一方には新薬を、他方には全く同じ見た目の偽薬を処方します。新薬を処方されたグループは、偽薬を処方されたグループよりも平均して2日早く症状が改善しました。新薬は効果があると言えるでしょうか？

・・

　この試験結果から、新薬の効果を検証するにはどうすれば良いでしょうか？　まず「新薬と偽薬に効果の

差はない」という仮説を立てます。慎重な判断が求められるので、あえて主張したいこととは反対の仮説を立てるのです。統計学では主張したいことと反対の仮説のことを**帰無仮説**（きむかせつ）と呼びます。本音を言うと主張したいことと反対の仮説は捨て去って無に帰したいわけです。だから帰無仮説と呼ばれます。この場合は「新薬と偽薬に効果の差はない」というのが帰無仮説です。一方、帰無仮説と対立関係にある本当に主張したいことは**対立仮説**（たいりつかせつ）と呼びます。この場合の対立仮説は「新薬と偽薬に効果の差はある」となります。

　新薬と偽薬に効果の差がないとすれば、2グループの回復期間の差は本来ゼロになるはずです。しかし、先ほど説明したように、回復期間には個人差が影響しますから試験結果としてはゼロからのズレが生じます。問題は、2日間というズレが、効果の差がないにもかかわらず偶然生じたと言えるかどうかです。

　そのことを確かめるために、統計学を活用します。本物の新薬を処方されたグループを「新薬グループ」、偽薬を処方されたグループを「偽薬グループ」としましょう。回復期間の分布が**図1-11**のようになったとします。新薬グループと偽薬グループでは、それぞれの回復期間の平均値が2日間だけズレているので、そのことを縦の破線によって表しています。ご覧のように分布は大部分が重なってしまうことから、この2日間の差が新薬の効果により生じたものかどうかをぱっと見で判断するのは難しいため、統計学による

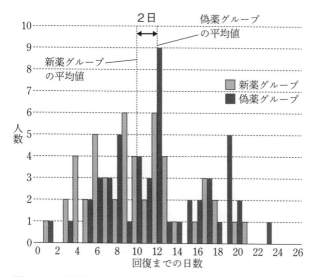

図1-11　回復期間の分布
（実際の治験データではなく仮のもの）

計算が必要になるわけです。

　被験者はすべての患者のごく一部でしかありません。今回の臨床試験に参加した100人とは別の100人を選んで同様に臨床試験を行えば、また違った結果になるかもしれません。別の100人を選べば、その人たちの持つ個人差も変わり平均回復期間も違ってくるはずだからです。そのため、2日という差がそういった偶然の要因で生じたものなのかどうかを判別する必要があります。

　偶然の要因でどの程度までの差が生じうるか調べた

いならば、新薬グループにもあえて偽薬を処方して平均回復期間の差を比較するという"ダミー治験"を何万回と実施し、そのうち何回で2日以上の差が生じるか（つまり2日以上の差が偶然生じる確率）を出すという方法もあります。しかし、そのような力業は非現実的なので、統計学の出番となります。統計学のすごいところは、こういった力業に頼らずとも、計算によって、このような偶然の差が生じる確率を求めることができる点です。

　具体的には、2グループの平均回復期間に偶然のズレが生じる確率を**図1-12**のように計算することができます。あくまで偶然のズレであって、新薬と偽薬の効果に差はない（新薬には効果がない）と仮定した場合だということを忘れないで下さい。偶然のズレが生じる確率は、回復期間のデータを統計学の公式に当てはめて導くのですが、ここでは触れません。イメージとしては、実施した治験において新薬グループ、偽薬グループのそれぞれにおける回復期間の散らばり具合（明らかに偶然によって生じた散らばり）が分かるので、そこから偶然によって生じうる平均回復期間の散らばりの度合いが分かるのです。

　図1-12は、新薬と偽薬に効果の差がないにもかかわらず偶然によって差が生じる確率を表したものです。山形のグラフが確率の分布を表しています。そして、横軸は回復までにかかった日数の差（＝新薬グループ−偽薬グループ）です。値がプラスの場合は、偽薬グ

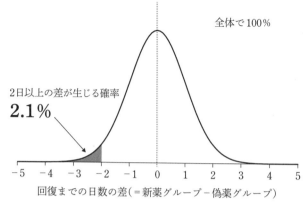

図1-12　平均回復期間に偶然の差が生じる確率
(図1-11の仮の治験データから作成)

ループの方が偶然早く回復したことになり、マイナス
の場合は、新薬グループが偶然早く回復したことにな
ります。本来は差がゼロだと仮定しているわけですか
ら、差がゼロのところで確率の山がピークになってい
ます。反対に、差が大きくなるほど確率は下がってい
き、差が±4日以上となる可能性はほとんどないこと
が分かります。

　2日以上の差が偶然によって生じる確率は、この分
布から2.1％と計算することができます。要は、新薬
と偽薬で回復期間に差はないと仮定した場合、臨床試
験で2日もの差が生じる確率は2.1％にすぎないという
ことです。

　この意味するところを具体的に言えば、もし本当に

今回のような臨床試験を、被験者100人のメンバーを毎回変えながら1万回実施したとしても、偶然だけで2日以上の差が生じるケースはたったの210回（全体の2.1％）にすぎないということです。偶然に2日早く回復する確率はたった2.1％にもかかわらず、臨床試験では平均して2日早く回復したので、これは偶然ではなく薬の効果によるものだと結論します。

　もちろん、偶然により2日の差が生じる確率は2.1％であって0％ではありません。偶然によって2日の差が生じてしまった可能性も完全には否定できません。しかし、判断が間違っている可能性を完全に排除することは不可能なので、そこは割り切りが必要です。

　そこで統計学では、確率について判断基準となる水準をあらかじめ決めておき、それより低い確率なら仮説を捨てるというルールを設定します。多くの場合は5％を基準として考えるため今回も5％を判断基準としましょう。すると「新薬と偽薬に効果の差はない」という帰無仮説は正しい確率が5％以下（2.1％）だったので捨て、対立仮説である「新薬と偽薬に効果の差がある」を採用します。この臨床試験の結果からすると製薬会社の努力は報われたということになります。

　医療分野に限らず、統計学の応用例は書き尽くせないほどたくさんあります。統計学の全体像や、他の様々な応用例については**第5章**で詳しく説明します。

数学的な思考とは何か

　以上が、数学を支える四天王の概要です。人間が直面する様々な問題について、一見すると文系・理系はそれぞれ全く異なるアプローチをとっているように見えます。しかし、その根本にある考え方には共通点があるのです。数学的な思考は以下のように、ビジネス的な思考に極限までの厳密さを掛け合わせたものと言えるでしょう。あえて数式チックに表現すると、

　　数学的な思考
　　＝　ビジネス的な思考×極限までの厳密さ

ということです。

　第2章以降では、四天王のそれぞれについて順番に正体を暴いていき、エッセンスとなる考え方を頭にインストールしていきます。全章を読み終わるころには数学の全体像や世の中との関わりが見えてくるでしょう。そして、数学の用語や考え方にも慣れ、時事ニュースや世の中の動きについても今までと違った視点で見えてくるようになると思います。

　四天王の中でも特に代数学は基本中の基本であり、他の四天王について理解する上でも代数学の考え方が土台になります。

　そのため、まずは第2章で代数学から説明したいと思います。

第2章

代数学

仮説を立てて
謎を解くための数学

関数を使いこなす

　第2章では、数学四天王の一角である代数学について掘り下げていきます。第1章で出てきたように、代数学は、仮説を数字で明確化するための方法論です。ただ、代数学を使って「仮説を立てる」といっても具体的にはどうすれば良いのでしょうか？　キーとなるのは、変数と関数という概念です。ここで、代数学に関する言葉の整理を再掲します。

〈代数学における言葉の整理（再掲）〉
　代数学：未知の数字を文字に置き換えて思考する学問
　変数：数字を置き換えた文字のこと
　関数：変数同士の関係性

　第1章の広告費を求める問題では、広告費と売上高が重要な変数として登場しました。そして、それらの関係性について仮説を立て、関数として表現しました。変数同士を関数で結びつければ、課題の背後に潜むメカニズムが浮かび上がり、どう考えるべきかの道筋が見えてきます。つまり、注目すべき変数を特定し、その関係性を関数で示すことが、代数学でいう「仮説を立てる」ことに相当します。そう考えると、関数は、因果関係を明確にするためのものであるとも言えます。例えば、第1章の例で「毎月の利益＝500＋広告費×4」という関数を導いたことにより、利益という「結果」を本質的に決めている要因は広告費で

あることが分かりました。つまり関数とは、「ある結果に対して影響を与える要因を特定し、その因果関係を明確化したもの」と言えます。

　代数学への理解をさらに深めていく上で重要なのは、関数について知ることです。第1章ではあまり詳しく触れませんでしたが、関数にはいくつもの種類があります。そして、あるテーマについて考えるときは、「どの種類の関数が当てはまりそうか」という視点を持つことが大切です。当てはまる関数の種類が特定できれば、注目している変数がどのような特徴を持つかが分かり、今後どう推移していくかを推測できるからです。理系的思考をインストールするためには、具体例を交えながら考えるのが一番ですから、それぞれの関数について、応用例とともに紹介していきたいと思います。

2-1　1次関数：
　　　シンプル・イズ・ベストの代名詞

1次関数はシンプルな直線になる

　関数の中でも最も単純でシンプル・イズ・ベストの代名詞とも言えるのが、「1次関数」と呼ばれている種類です。1次関数とは、「$y = \square x + \bigcirc$」のような形をしている関数のことを指します（$x \cdot y$は変数で、$\square \cdot \bigcirc$は普通の数字）。

〈**1次関数**〉

「$y = \square x + \bigcirc$」のような形をしている場合、1次関数と呼ぶ（ただし$\square \neq 0$）

　例を挙げてみましょう。第1章でいくつかの関数が登場しましたが、その中で、「$y = x + 3$」というものがあったと思います。これは1次関数の仲間です。実際、「$y = \square x + \bigcirc$」の$\square$に1、$\bigcirc$に3を入れると、「$y = x + 3$」という式になることが分かります。広告費を求める問題で出てきた式③（p.30）も1次関数です。ここに再掲しておきましょう。

〈**広告費を求める問題で出てきた式**（再掲）〉

　毎月の利益 = 500 + 広告費 × 4　‥‥‥‥‥‥‥‥③

「$y = \square x + \bigcirc$」という一般形とは、次のように対応しています。

〈**式③も1次関数**（次のように対応する）〉

　y　　→　　毎月の利益

　x　　→　　広告費

　$\square$　　→　　4

　$\bigcirc$　　→　　500

　第1章で、変数として使う文字は何でもいいという話をしました。中学や高校の教科書でよく見られるよ

うに、関数の一般的な形を示すような場合は、xやyといった英語のアルファベット（またはギリシア文字）が使われることが多いです。もし代数学の発祥地が日本や中国だったら、「甲、乙、丙」とかの漢字を使うのが主流になっていたかもしれませんね。

要は、文字は別に何でもかまわないのです。重要なのは、1次関数の「$y = \square x + \bigcirc$」という形そのものです。

「$y = \square x + \bigcirc$」という式だけでは無味乾燥ですが、グラフに描いてみると、1次関数の特徴がよく分かります。例えば、式③をグラフにすると、**図2-1**のようになります。広告費が増えるごとに、毎月の利益が直線的に伸びていますね。このように、**1次関数のグラフは直線**になります。

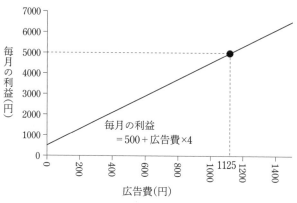

図2-1　第1章の広告費の問題（p.26）の答えをグラフ化

広告費の問題では、1店舗あたり毎月5000円の利益を得るために、月あたり1125円の広告費が必要であることを求めました。

　グラフ上に表示した黒い点が、問題の答えである

$$(広告費, 毎月の利益) = (1125, 5000)$$

を表す点になります。

　このように、関数をグラフに描いてみると、その特性を理解しやすくなります。

商品原価は1次関数で表せる

　1次関数の応用例として、原価計算を見ていきましょう。商品原価を計算する際には、発生する費用を「変動費」と「固定費」に分けて考えます。変動費とは、商品の製造・販売数量に比例して増減する費用のことで、代表的なものとして材料費が挙げられます。固定費とは、製造・販売数量とは関係なく発生する費用のことで、店舗の賃料や人件費、機械設備のリース料などが挙げられます。このように、原価計算においては、費用を製造・販売数量に比例するもの（変動費）と、そうでないもの（固定費）に分けて考えるのが基本です。この原価、変動費、固定費の関係は、次のように1次関数で表されます。

〈原価は製造・販売数量の1次関数として表される〉
原価＝1個あたり変動費×製造・販売数量＋固定費

　一般形（$y = \square x + \bigcirc$）との対応は以下の通りです。ここでは、「1個あたり変動費」と「固定費」は変化しない普通の数字（$\square$や$\bigcirc$）として扱っています。そして、「製造・販売数量」と「原価」を変数（xやy）とみなしています。

〈一般形との対応〉
y　→　原価
x　→　製造・販売数量
$\square$　→　1個あたり変動費
$\bigcirc$　→　固定費

　状況によっては、固定費のことは置いておいて、変動費だけを考える場合もあると思います。変動費は製造・販売数量に比例しますが、比例関係は、実は1次関数の特別な場合です。具体的には、「$y = \square x + \bigcirc$」という一般形について、$\bigcirc$をゼロとした場合に相当します。そうすると$y = \square x$という式になるわけですが、これは単純に「yはxの$\square$倍である」という比例関係を表しています。yが変動費、xが製造・販売数量、$\square$が1個あたり変動費とすれば、変動費と製造・販売数量の関係式になります。

ノーベル経済学賞に輝いた1次関数

　この1次関数を使った仮説思考により、ノーベル賞を受賞した例があります。株式投資など資産運用に関する研究なのですが、ここで紹介したいと思います。

　株式投資などでお金を増やしたいときは、どの銘柄にいくら投資するかという判断が勝敗を左右します。なぜかというと、銘柄によって値動きに違いがあるからです。例えば、鉄鋼・化学・ガラスなどの素材関連、工作機械などの設備投資関連、自動車関連の銘柄などは「景気敏感株」と呼ばれていて、景気の影響を受けやすいことが知られています。具体的には、不景気のときは設備投資抑制や車の購入見送りなどによる業績悪化が懸念されるため大きく値下がりし、好景気のときは業績回復期待から大きく値上がりするといったように、値動きが激しいのが特徴です。うまく投資すれば大きな利益が期待できる一方、リスクも高くなります。

　逆に、景気の影響を受けにくい銘柄は「ディフェンシブ株」と呼ばれます。主に、食品、医薬品、電力、ガスなどのインフラ系です。不景気だからといって何も食べずに過ごしたり、冷蔵庫のコンセントを抜いて節電したり、必要な薬を買わなかったりといった極端な節約は難しいでしょう。逆に、好景気だからといって普段の2倍食べたり、お風呂の回数を増やしたりする人も稀だと思います。つまり、こういったインフラ系企業の業績は景気に左右されにくいため、株価も安

定しているのです。ディフェンシブ（defensive）は
"守りの姿勢"を意味する英単語ですが、これらの銘
柄に投資していれば景気の荒波に対して守りの姿勢を
取れるため、ディフェンシブ株と呼ばれます。値動き
が小さく安全性は高いですが、大きな利益を得るのは
難しいという特徴があります。

　景気敏感株でもディフェンシブ株でもなく、その中
間くらいの値動きをする銘柄もあります。「で、どれ
に投資すればいいの？」という話になりますが、そこ
は世の中うまくできていてリスクを取らずに大きな儲
けを得られるような都合の良い投資は基本的にありま
せん。株式投資はリスク（値動きの大小）とリターン
（収益機会）がトレードオフになっているのです。ロー
リスクのディフェンシブ株を中心に投資すれば、大き
く儲けることは難しいでしょう（ローリスク・ローリター
ン）。高いリターンを狙って景気敏感株に投資すれ
ば、失敗したときに大きな損を出す可能性が高まりま
す（ハイリスク・ハイリターン）。リスクとリターンのバ
ランスをうまく考えて投資しなければなりません。

　このトレードオフの関係について、学術的に研究し
た経済学者がいます。その結果、トレードオフの関係
は**図2-2**のように、1次関数で（直線で）表されること
が分かったのです。

　図2-2の横軸は、株式の価格変動の大きさを表して
います。より具体的には、代表的な株価指数（日本だ
とTOPIX指数、米国だとS&P500指数など）の値動きと比較

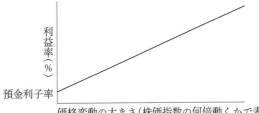

**図2-2　株式投資のリスク（値動きの大きさ）とリター
ン（利益率）の関係**

して、その銘柄の値動きが何倍なのかで表します（値
動きは日によって違うので、一定期間における傾向を見ます）。
つまり、株価指数の値動きの大きさを1とした場合
の、相対的な値動きの大きさを見ていることになりま
す。値動きが大きい景気敏感株は、この数値が1.5や
1.8など1より大きくなり、値動きが小さいディフェン
シブ株は、0.6や0.8など1より小さくなります。ちな
みに、資産運用の専門家は、この倍率のことを β（ベ
ータ）と呼びます。
　そして縦軸は、その銘柄に投資した場合に、平均し
て年間で何パーセントの利益が得られるかを示してい
ます。グラフの右上はハイリスク・ハイリターン（景
気敏感株など）、左下はローリスク・ローリターン（ディ
フェンシブ株など）、中央あたりはミドルリスク・ミド
ルリターンに対応しています。ちなみに、価格変動の
大きさがゼロの地点（グラフの左端）は、「株式に投資
せず、お金を銀行に預けておく場合」を表していま

す。その場合は株式投資自体をやっていないので、当然ながら価格変動はゼロです。ただ、銀行にお金を預けているので、預金利息は入ってきます。そのため、この場合の利益率は預金利子率になります。

このように、リスク・リターンのトレードオフが1次関数で表されるとする理論は「Capital Asset Pricing Model」と呼ばれ、略して「CAPM（キャップエム）」として知られています。これは単なる経験則などではなく、経済学に基づく厳密な計算から導き出されたものであり、現代の投資理論の基礎となっています。また、このトレードオフは、株式以外の投資対象（米国債や不動産など）にも当てはまる普遍的な関係であることが知られています。

このように1次関数で表すことができるのは、必要な要素だけ抜き出して関係性を明確にしたからです。その計算過程では、「投資家は合理的な判断をする」など状況を単純化するためのいくつかの仮定が置かれています。本当のところは、投資家が思い込みや不安感に流されて合理的な判断ができないことも多々あるのですが、代数学ではそうした枝葉的な要因をなるべく排除して、登場する変数を厳選して考えます。だからこそ、関係式に表せるのです。

CAPMを提唱したウィリアム・シャープは、この理論をはじめとした資産価格に関する研究業績が評価され、1990年にノーベル経済学賞を受賞しています。日本を含め、世界中の年金ファンド、資産運用会

社、銀行などが、この理論を基礎において投資を行っています。ノーベル賞理論の核心部分に1次関数が登場してくるわけです。

2-2 2次関数：
日常生活を支える縁の下の力持ち

2次関数はお椀型

2次関数とは、1次関数に「$\spadesuit x^2$」が足されたものをいいます（$\spadesuit$は普通の数字です）。

〈2次関数〉

「$y = \spadesuit x^2 + \square x + \bigcirc$」のような形をしている場合、2次関数と呼ぶ（ただし$\spadesuit \neq 0$）

「$\spadesuit x^2$」がある分、1次関数より少し複雑です。なぜこれを「2次関数」と呼ぶかというと、xが2回掛けられている項（$\spadesuit x^2$）が式に含まれているからです。

2次関数をグラフにしてみると、特徴がつかみやすくなります。1次関数のときは直線状のグラフになりましたが、2次関数の場合は、**図2-3**のようにお椀のような形になります。ここで注意していただきたいのが、お椀が上向きか、下向きかの2パターンあるということです。具体的には、「$\spadesuit x^2$」の項の$\spadesuit$が正の場合は上のようなお椀型になり、$\spadesuit$が負の場合は下のような"伏せた"お椀型になります。

運動と関係が深い2次関数

　2次関数は、野球やバスケにおけるボールの軌道、自動車の衝突事故、振り子など、「運動」に関わる事象を理解するのに役立ちます。私たちの日常と関わりが深く、私たちの生活を陰で支える"縁の下の力持ち"的な存在とも言えます。

　図2-3下のグラフを眺めてみると、ボールを投げたときの軌道に似ていますね。何かを斜め上方向へ投げ

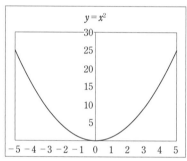

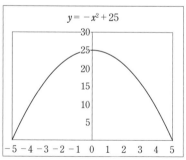

図2-3　2次関数のグラフ（例）

たときの軌道は「放物線」と呼ばれますが、放物線は
2次関数で表されます。野球のボールや大砲の弾な
ど、空中に投げ出された物体は2次関数で表される軌
道を描くのです。野球選手がキャッチボールするとき
も、ボールは放物線を描いて相手に飛んでいきます。
バスケ選手が放つシュートも、放物線を描いてゴール
に吸い込まれていきます。また、やや物騒な話になり
ますが大砲の弾道も放物線を描きます。ちなみに、運
動と2次関数の関係について最初に気付いたのは、17
世紀の物理学者ガリレオ・ガリレイです。

交通事故と2次関数

　2次関数は、自動車事故の理解に欠かせません。不
注意運転などで車が電柱や人にぶつかってしまうとき
は、速度が大きいほど衝突時の衝撃も大きくなりま
す。では、速度と衝撃の大きさはどのような関係にあ
るのかというと、これが2次関数で表されるのです。
自動車が衝突したときの激しさは、自動車が持つ運動
の勢い（運動エネルギーと呼びます）に比例します。そし
て運動エネルギーは、次のような式で表されます。

〈自動車事故の衝撃を表す式〉
　運動エネルギー $= \dfrac{1}{2} \times$ 車の重さ $\times$ 時速^2

　この式が2次関数になっていることは、次の対応を
考えると分かりやすいと思います。

〈自動車事故の衝撃を表す式は2次関数〉

一般形：$y = ♤\, x^2 + □\, x + ○$

y	→	運動エネルギー
x	→	時速
♤	→	$\dfrac{1}{2} \times$ 車の重さ
□	→	0
○	→	0

「車の重さ」は車の速度と違って変化しないので、ただの数字とみなして♤の中に入れることができます。ちなみに$\dfrac{1}{2}$が掛けられていますが、これは計算の結果出てくる係数なので、あまり気にしないで下さい。

　この式が伝えている事実は、とてもシンプルです。まず、車自体が重たいほど、ぶつかったときの衝撃も大きくなります。軽自動車よりも大型トラックに激突されたときの方が被害甚大なのはそのためです。そして注目すべきは、時速^{2}という箇所です。時速50kmと時速100kmを比較すると、速度は2倍ですが、式に時速^{2}が含まれているため衝突時の衝撃は4倍になります。2次関数の威力を知っていれば、制限速度内で運転することがいかに大切かを数学的にも理解できます。

　また、事故の直前、ドライバーはハッとしてからブレーキを踏むわけですが、車は急には止まれないので、路面にブレーキの痕跡（スリップ痕）が残ります。このスリップ痕を分析すると、事故を起こしたドライ

バーが法廷でウソをついているかどうか見破ることができてしまうのです。というのも、スリップ痕の長さは、ブレーキを踏む直前における車の速度の2次関数として次のように表されるからです。

$$\text{スリップ痕の長さ（m）} = \left(\frac{1}{254 \times \text{摩擦係数}}\right) \times \text{時速}^2$$

254は、計算の結果として出てくる係数です。「摩擦係数」は、路面がどれだけ滑りやすいかを表す数値で、おおむね0.4〜0.7くらいの値を取ります。この式を使えば、現場に残ったスリップ痕から、事故当時の車速を割り出すことができてしまいます。法廷で運転手が「制限速度の40kmを守っていました」と証言しても、スリップ痕から逆算した時速が70kmだったとすれば、運転手のウソがばれてしまいます。この数式は、自動車事故の裁判や、警察の事故鑑定などで活躍しています。2次関数を用いた厳密な論証が、公正な判決を導いているのです。

自動車事故に関する応用例の最後として、運転手が危険に気付いてから急ブレーキをかけ、車が停止するまでの間に進んでしまう距離（停止距離）を見てみましょう。危険を察知しても、その瞬間にブレーキを効かせられるわけではありません。アクセルペダルから足を離す→ブレーキペダルへ足を移動する→ブレーキを踏みこむ、という段階を踏まなければならず、平均0.7秒ほどかかってしまうとされています。この間に

車が進んでしまう距離のことを「空走距離」と呼びます。その後、ブレーキを踏んでから停車するまでに進んでしまう距離のことを「制動距離」といいますが、これは、先ほどのスリップ痕の長さとイコールです。ブレーキを踏んでから止まるまでの間にスリップ痕ができるわけですから、当然ですね。空走距離と制動距離を合わせたものが停止距離になりますが、それは次のように、時速の2次関数として表されます。

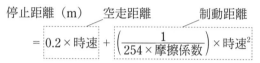

$$\text{停止距離（m）} = \underbrace{0.2 \times \text{時速}}_{\text{空走距離}} + \underbrace{\left(\frac{1}{254 \times \text{摩擦係数}}\right) \times \text{時速}^2}_{\text{制動距離}}$$

（※空走距離の項の係数0.2は、運転手の反応時間を0.7秒とした場合の数字）

　この式は「時速^2」の項を持つので、「時速」の2次関数です。イメージをつかむために、この式の「時速」の部分に具体的な数字を入れてみましょう。例えば時速50kmの場合、空走距離は10メートル（$0.2 \times 50 = 10$）になります。また、摩擦係数を0.7（晴れた日の乾いた路面に相当）とした場合の制動距離は14メートル（$\left(\frac{1}{254 \times 0.7}\right) \times 50^2 = 14$）です（少数第1位を四捨五入）。よって、停止距離（＝空走距離＋制動距離）は24メートルです。つまり、運転手が危険に気付いてから車が停止するまで、24メートルも進んでしまうことになるのです。これが時速100kmだと、停止距離は76メートル

にもなります。

「スピードの出しすぎはなぜ危険か」を数学的に説明するならば、「交通事故に関わる数式が速度の2次関数になっているため」となります。つまり時速^2（＝時速×時速）の項が登場するので、速度が大きくなると被害も急激に深刻化するのです。うっかりスピードを出しすぎてしまうという方は、本章に出てきた数式をステッカーにして車内に貼っておくとよいかもしれません。

振り子に隠された2次関数

また、2次関数を使って時間を計ることもできます。今では見かけなくなりましたが振り子時計にも2次関数が応用されているのです。振り子時計は、振り子が振れる周期を使って時間を計るのですが、振り子の長さは、周期（振り子の一振りにかかる時間）の2次関数として表されます。具体的には、

$$振り子の長さ（m）＝\frac{1}{4}×周期^2$$

という関係があります。

仮に振り子の長さをy、周期をxとすれば$y=\frac{1}{4}x^2$となりますが、x^2が出てくるので、これは2次関数です。この式から、例えば、周期が2秒の振り子時計を作りたければ、振り子の長さを1メートルにすればよいことが分かります（式の「周期」のところに2を入れて、

$\frac{1}{4} \times 2^2 = \frac{1}{4} \times 4 = 1$と計算する)。自動車事故の裁判や時刻の計測など、人類の営みを2次関数が陰から支えているのです。

1次関数、2次関数は「多項式関数」の仲間

　1次関数、2次関数、3次関数、……は、まとめて**多項式関数**と呼びます。多項式関数の命名規則は単純で、式の右側（右辺）を見て、変数xが最も多く掛けられている項を探し、その回数を数えます。それが2回のときは2次関数、3回のときは3次関数……と命名していきます。1次関数の場合は、xが含まれている項は「□x」しかありませんでしたが、これはxが1回だけ掛けられているとみなすことができるので、1次関数と呼ぶのです。

　数学の用語では、変数が掛けられている回数のことを「**次数**」と言い、最も多く掛けられている項における次数のことを「**最高次数**」と呼びます。つまり最高次数が1なら1次関数、2なら2次関数……というふうに名前を付けていくわけです。そう考えると3次関数がどのような一般形になるか想像がつくと思います。

〈3次関数〉
　「$y = ◇x^3 + ♤x^2 + □x + ○$」のような形をしている場合、3次関数と呼ぶ（ただし◇ ≠ 0）

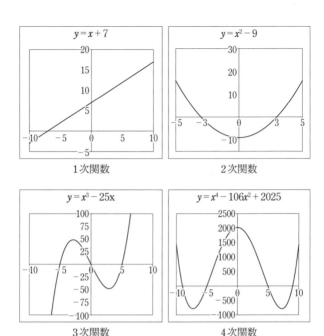

図2-4　多項式関数のグラフ（例）

　3次関数の式の右側を見ると、xが一番多く掛けられている項は「◇x^3」です。最高次数が3なので、「3次関数」と呼ぶわけです。xが掛けられている回数が4回、5回……100回……と増えていけば、4次関数、5次関数……100次関数……と、同じ規則で名前が付いていきます。これらは、グラフの形と一緒に理解するのが有効です。**1次関数は直線、2次関数はお椀型（くねり1回）、3次関数はくねり2回、4次関数はくねり3**

回。そして5次関数、6次関数……と続くごとに、く
ねりの回数が1回ずつ増えていきます（例外もあるので
すが、おおむねそのようなイメージと考えて下さい）。

　多項式関数のうち、1次関数、2次関数は分かりやす
すい応用例がいろいろありますが、3次関数以降にな
ると分かりやすい応用例はあまりなく、どうしても専
門的な話に入らざるを得なくなります。そのため、本
書では紙面の関係から割愛しますが、3次関数以降も
数学、工学、物理学など多方面において重要な役割を
果たしていることは書き添えておきたいと思います。

2-3　指数関数：人類を翻弄するスピード狂

コロナ禍で知られた恐怖の概念

　次は、爆発的な変化を理解するのに不可欠な「**指数**
関数」についてです（べき関数と呼ばれることもありま
す）。私たちが世の中の急激な変化に直面したとき、
その背後に指数関数が隠れているケースが非常に多い
のです。コロナ禍やシンギュラリティ（技術的特異点）
など、変化のスピードが非常に速い出来事の核心に
は、指数関数があります。指数関数は、いわば人類を
翻弄する"スピード狂"のような存在です。

ドラえもんで理解する指数関数

　指数関数がどんなものか、より詳しく見ていきまし

ょう。指数関数は、「掛け算」を深く追究することで生み出された関数です。理解のための前段階として、ドラえもんのひみつ道具「バイバイン」（てんとう虫コミックス『ドラえもん』第17巻、第1話）に登場してもらいましょう。バイバインは液体状の薬品で、何かに振りかけると、それが5分ごとに2倍の数に増えていくというものです。のび太君は、栗まんじゅうを食べてもなくならないようにできないかとドラえもんに相談し、バイバインを出してもらって栗まんじゅうに振りかけました。すると、栗まんじゅうが増えていくので最初は喜んだのですが、途中から食べきれなくなってごみ箱に捨ててしまいます。それを知ったドラえもんは大慌てになりました。なぜ慌てたのでしょうか？

　具体的に、栗まんじゅうがどれくらいの勢いで増えていくか見てみましょう。最初は1個だった栗まんじゅうは、5分後に2個に増えます。そして10分後には、2個ある栗まんじゅうのそれぞれが2個に分かれるので、合わせて4個（2×2＝4）になります。15分後には、4個ある栗まんじゅうのそれぞれが2個に分かれるので、合わせて8個（2×2×2＝8）になります。

　8個くらいならのび太君でも食べられそうですが、ここからが問題です。5分経過するごとに栗まんじゅうは16個、32個……と倍々ゲームで増えていくので、その個数は急激に増加していきます。計算してみると、たった2時間半で約10億個に達し、5時間で約100京個を超えてしまうのです（京は、1のあとにゼロが16

経過時間	栗まんじゅうの個数	個数 (指数表記)
バイバインを 振りかけた瞬間	1	1
5分後	2	2
10分後	4	2^2
15分後	8	2^3
……	……	……
2時間半後	1,073,741,824	2^{30}
……	……	……
5時間後	1,152,921,504,606,846,976	2^{60}

表2-5　栗まんじゅうの増え方

個続く数）。のび太君の胃袋に収まり切らないところ
か、地球を埋め尽くしてしまいますね。

　急激に増えていくのは、考えてみれば当たり前の話
です。栗まんじゅうが4個しかないときは、2倍して
も4個しか増えません（計8個になる）。しかし、栗まん
じゅうが100京個に達すると、2倍したらさらに100京
個増えて約200京個になります。"増え方が増える"
ので、急激に大きくなっていくのです。

　栗まんじゅうの増え方を**表2-5**に示しました。ここ
まで急激に数字が大きくなると、桁が多すぎて規模が
把握しづらくなります。そういったときに便利な表記
法があって**表2-5**の右側のように掛け算した回数を右
肩に表記することで数値を表現することもできます。
このような表記法を「**指数表記**」と呼びます。指数

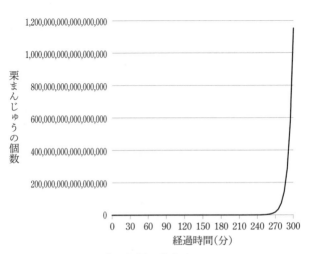

図2-6　栗まんじゅうは何個に増えるか？

表記においては、掛け算する数を「底」、掛け算した回数を表す右肩の数字を「指数」と呼びます。例えば、1,073,741,824は指数表記を使って2^{30}とも書くことができ、その場合の底は2、指数は30です。

　グラフで表すと、状況がもっとよく分かります。**図2-6**は個数の変化をグラフで表したものです。最初はなだらかな変化に見えますが、途中からカーブが立ち上がって、急激に増大している様子が見て取れるでしょう。ドラえもんはこのことを知っていたので慌てふためき、栗まんじゅうをロケットに押し込めて宇宙の彼方へ飛ばしてしまいました。

　さて、栗まんじゅうの個数ですが、増え方の規則は

明確に決まっている（5分で2倍）ので、数式にできるはずです。どのような数式になると思いますか？　ここでは個数を経過時間（という変数）の関数とみなして式を作ってみましょう。5分経つごとに2が掛けられていくので、□分後には、2が「$\frac{□}{5}$」個掛けられていることになります。そう考えると先ほど出てきた指数表記を使って次のように書き表すことができます。

〈栗まんじゅうの個数〉

$$個数 = 2^{\frac{経過時間（分）}{5}}$$

　このように、指数の部分が変数となっている関数のことを**指数関数**と呼びます。ちょっと堅苦しい名前ですね。1次関数、2次関数もそうですが、数学は堅苦しいネーミングが多いので、難しい印象を持たれてしまいがちです。仮にバイバイン関数、ドラえもん関数、栗まんじゅう関数などという名前だったら、より親しみが湧いたかもしれませんが、残念ながらそのような面白い名前は付いていません。

　指数関数の一般形は、次のようになります。

〈指数関数の一般形〉

$$y = ○ × □^x \quad（ただし○ > 0, □ > 0かつ□ \neq 1）$$

　□の部分は「底」、肩に乗っているxは「指数」と呼ぶのでしたね。xが増えると□が掛けられる回数が

増えていくので、*y*は倍々ゲームで増えていきます。このように、倍々ゲームで増えていくのが指数関数の特徴です。ちなみに、□≠1となっているのは、1は何回掛けても1のままなので、□＝1のときは関数として考える意味がないからです。

　栗まんじゅうの式も指数関数になっていて、一般形との対応は次のようになります。

〈栗まんじゅうの式と一般形の対応〉
　一般形：$y = \bigcirc \times \square^x$

y　→　個数

x　→　経過時間（分）/5　……指数

$\bigcirc$　→　1　……最初の個数

$\square$　→　2　……底

　栗まんじゅうの式もそうでしたが、指数関数の特徴は、「最初はゆっくりだが、やがて急激に増えていく」という点にあります。最もシンプルな関数である1次関数と比較すれば、その特徴が分かりやすいと思いますので、図2-7でグラフを重ねてみました。1次関数として「$y = 2x$」、指数関数として「$y = 2^x$」のグラフを描いていますが、これらはイメージをつかむために一例として選んだだけです。他の例でもいいのですが、結果は似たようなものになります。*x*が大きくなるにつれ、初めのころ指数関数は1次関数と大して変わらない動きをしていますが、途中から急激に乖離

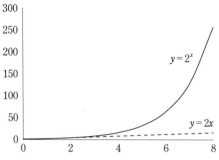

図2-7　1次関数と指数関数の比較（例）

が広がっていく様子が見て取れます。

　指数関数に従うような急激な変化のことを「指数関数的な変化」と言ったりします。指数関数的な変化に人間がうろたえがちなのは、とかく人は"直線的な"（1次関数的な）予想をしてしまうためです。つまり、現状の勢いが今後も続くだろうと無意識に思ってしまうがために、現象が指数関数に従う（勢いが増していく）プロセスの場合は、途中から予想との乖離が大きくなってうろたえてしまいます。

指数関数は「対数グラフ」で見ると分かりやすい

　指数関数は急激に増加していくので、通常のグラフでは傾向がつかみにくいという問題があります。そこで、指数関数を分かりやすく見るために工夫したグラフがよく使われます。**図2-8**に、そのグラフを掲載しました。これは、先ほど出てきた栗まんじゅうの個数

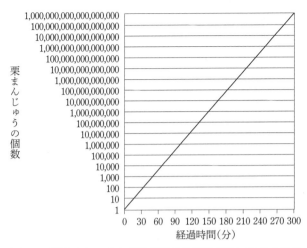

図2-8　栗まんじゅうの個数推移を片対数グラフで見た場合

推移のグラフなのですが、縦軸の目盛りの取り方が違います。

　縦軸には等間隔に目盛りが並んでいますが、よく見ると、目盛りが1つ上がるごとに桁が上がっていますね。このように、桁の増加を等間隔の目盛りで表すような表示を「**対数表示**」と呼び、対数表示を使ったグラフを「**対数グラフ**」と呼びます。

　対数という言葉が初めて出て来ましたが、これは指数の別名です。個数そのものではなく指数（倍々ゲームの増え方）を主役に考えたいときには対数と呼びます。呼び方をあえて変えることで、今は個数そのものではなく何倍ずつ増えているのかという点に着目して

いることが分かるわけです。

対数表示で見ると、グラフの印象が全然違いますね。というのも、対数表示だと指数関数は直線に見えるのです。指数関数は、倍々ゲームで増加していく関数でした。その特徴に合わせて対数表示の軸も目盛りが倍々ゲームになっています。こちらの例だと、一番小さな目盛りは1で、そこから1つ上がるごとに10倍になっていきます。指数関数に合わせて目盛り自体を倍々ゲームにしてあるので、対数表示では指数関数が直線に見えるのです。ただ、本当に直線になったわけではなく、そう見えるように目盛りを工夫したということなので注意して下さい。

図2-8では片方の軸（縦軸）のみが対数表示になっていますが、扱っているデータや現象によっては、両方の軸が対数表示になっているグラフを使う場合もあります。片方だけが対数表示になっている場合は「片対数グラフ」、両軸とも対数表示の場合は「両対数グラフ」と区別して呼ぶこともあります。従って**図2-8**は片対数グラフですね。

人口爆発を予見したマルサス

指数関数に基づく仮説思考によって、来るべき未来を予見した人がいます。経済学者のトマス・ロバート・マルサスは、1798年に発表した『人口論』という著書の中で、人口が指数関数的に増えていくことを予見しました。彼の主張を簡単にまとめると、次のよ

うなものになります。

　ある年の人口増加は、その年に生まれる子供の人数から、亡くなる方の人数を引いたものになります。そして、ある年に生まれる子供の人数は、「出生率×その年の人口」と考えることができます（以降、「その年の人口」とは、その年の年初における人口を指すものとします）。一方、その年に亡くなる方の人数は、「死亡率×その年の人口」で表されます。マルサスはこのように考えて、以下の仮説を立てました。

〈人口増加の式（マルサスの仮説）〉
　その年の人口増加
　　　　＝出生率×その年の人口－死亡率×その年の人口
　　　　＝（出生率－死亡率）×その年の人口

　この式を見ると、人口増加幅は、その年の人口を「出生率－死亡率」倍したものになっていますね。つまり、マルサスの仮説を一言で表現すれば、「人口増加は人口に比例する」ということです。この前提のもとでは、出生率が死亡率を上回っている限り、人口は指数関数的に増えていきます。なぜそうなるのか、少し計算してみましょう（細かい計算に興味のない方は読み飛ばしていただいてかまいません）。今年の人口は国勢調査などで分かっているものとして、将来の人口を推計したとします。まず、マルサスの仮説を使って、今年の人口増加の式を作ります。

今年の人口増加＝(出生率－死亡率)×今年の人口

この関係式を使って、翌年の人口を計算してみましょう。

翌年の人口＝今年の人口＋今年の人口増加

　　　　＝今年の人口＋<u>(出生率－死亡率)×今年の人口</u>
　　　　　　　　　　　　　　　※マルサスの仮説を使った
　　　　＝{1＋(出生率－死亡率)}×今年の人口

　最後に出てきた式を見ると、翌年の人口は、今年の人口を「1＋(出生率－死亡率)」倍したものであることが分かります。つまり、出生率が死亡率より大きいとすれば翌年の人口は今年の「1＋(出生率－死亡率)」倍、翌々年は、さらにその「1＋(出生率－死亡率)」倍という形で、人口が倍々ゲームで急速に増えていくのです。このように**変数の増加幅がその変数自体に比例している場合**（この例だと人口増加幅が人口自体に比例する）、**その変数は指数関数的な増え方をします。**

　マルサスは、人口は指数関数的に増加するけれども、食糧を指数関数的に増産することはできないので、やがて深刻な食糧不足が訪れるだろうと指摘しました。現代社会が抱える食糧問題を、18世紀の時点で予見していたのです。

指数関数が分かればコロナ禍が分かる

　指数関数的な変化にうろたえてしまった典型例の一つが、コロナ禍における感染者数の増加です。実際に感染者数がどのように推移したか見てみましょう。**図2-9**に日本と米国における新型コロナ感染者数の推移を片対数グラフで表示しました。感染が拡大しはじめるタイミングが異なったため、日本は2020年1月末から、米国は2月末から表示しています。また、4月以降は各国の感染予防策が効果を発揮し始めて状況が変わったので3月末までのグラフとしています。

　図2-9のグラフを見てみると、おおむね直線状に伸びていることが分かります。感染者数の推移は数学的には指数関数で表されるため、片対数グラフで見るとおおむね直線になっているのです。感染者数の推移を表す数式を第1章で紹介しましたが、あの数式を解くと感染者数が指数関数的に増えるという結果が出てきます。詳しい計算は省きますが、ここでは、なぜ指数関数になるのかを簡単に説明したいと思います。

　1人の感染者が他の人に感染を広げてしまうとき、その平均人数を「再生産数」といいます。例えば、1人の感染者が平均して2人に感染させてしまうとき、再生産数は2です。コロナ感染者が、同じコロナ感染者を"再生産"してしまうというイメージですね。

　思考実験をしてみましょう。再生産数が2、感染してから平均5日で他の誰かに感染させるとします。すると、感染者数は5日ごとに2倍になっていきます。

先ほどの栗まんじゅうの例では、個数が5分で2倍になりました。5分か5日かという期間の違いはありますが、一定期間ごとに2倍になるという点では同じです。このことから、感染者数の推移は指数関数で表せるという仮説を立てることができます。

　もちろん、実際の感染者数の推移には、様々な要因

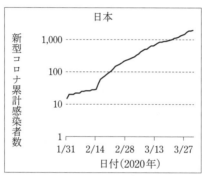

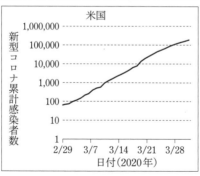

図2-9　日米の新型コロナ感染者数推移（片対数グラフ）
（米ジョンズ・ホプキンス大学のデータをもとに著者作成）

が影響してくるでしょう。国の感染症対策、マスクをつける習慣、免疫の特性、年齢構成、ワクチンの普及……等々、数え上げれば切りがありません。しかし、第1章で触れたように、理系的思考の本質は「シンプル・イズ・ベスト」にあります。シンプルに考えることで、本質が見えてくるのです。指数関数に従うという仮説に基づけば、勢いがゆっくりであるうちに対策しておかないと、あとで大変なことになると予測できますし、だからこそ、各国の専門家が警鐘を鳴らしていたのです。

　日本での報道を振り返ってみると2020年3月に入って「急増」という報道が増えました。

　ところが図2-9のグラフを見てみると、もっと前の2月中旬あたりから指数関数に従って感染者数が増えていたことが分かるのです。感染を警戒している人が少なかったころから指数関数的な増加が始まっていたというわけです。

指数関数で理解する「シンギュラリティ」

　急激な変化として思い浮かぶことが多いものに、IT技術の進歩があります。コンピューターの性能は日増しに向上し、身の回りにもスマホ、タブレット、パソコンなどの情報機器が当たり前に存在する時代になりました。少年時代に白黒ゲームボーイで遊んだ私としては、今のオンラインゲームは隔世の感があります。

　このような進歩は、いつまで続くのでしょうか？

未来学者のレイ・カーツワイルは、コンピューターは技術的パラダイム・シフトを繰り返しながら今後も進歩し、近い将来に人間を凌駕すると予測しています。そして、コンピューターが人間を超える時点を「シンギュラリティ」と名付けました。

　カーツワイルが根拠として挙げているのは、情報技術の指数関数的な発展です。もともとコンピューターの世界では、「ムーアの法則」というものが知られていました。ムーアの法則とは、インテルの創業者の一人であるゴードン・ムーアが1965年に提唱した仮説で、「集積回路の密度は2年で2倍になる」というものです（1年半で2倍になるという説もありますが、本質的な違いはないので、本書では2年で2倍とします）。集積回路というと分かりにくいですが、要はコンピューターの心臓部で、計算を行うための回路がぎっしり詰まっている部分です。この密度が高いほど、コンピューターの計算能力は高くなります。

　ムーアの法則は、栗まんじゅうの増え方と似ていますね。5分で2倍か、2年で2倍かというスピードの違いはありますが、一定期間ごとに倍々ゲームで増えていく点は同じです。2年で2倍というのはすさまじいスピードで、40年で約100万倍にもなります（2を20回掛けると1,048,576）。

　図2-10はムーアの法則を示すグラフで、ムーア自身が1965年に発表した論文に掲載したものです。横軸は年代、縦軸は集積回路の密度になっています（数

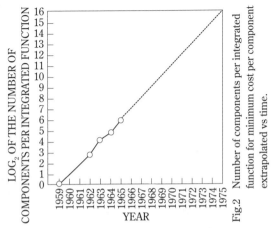

図2-10　ムーアの法則を表すグラフ（1965年のムーアの原論文より
https://www.chiphistory.org/20-moore-s-law-original-draft-1965）

字が大きいほど密度が高い）。縦軸は、少し分かりにくい
ですが、目盛りが1つ上がるごとに2倍になっている
対数表記です。コンピューターの世界では10進法でな
く2進法を使うことが多いのでそうしているわけです
が、縦軸が倍々ゲームになっているので、これは片対
数グラフです。片対数グラフで直線状に見えるという
ことは、指数関数的に増加していることを意味します。

　こちらのグラフを見て、「点が5つしかないじゃな
いか」と思われたかもしれません。実際、ムーアがこ
の論文を執筆していた時期はコンピューターの黎明期
で、データも十分ではありませんでした。しかし、ム
ーアは限られたデータを関数に当てはめて仮説を立て

ることによって、その後のコンピューターの急速な発展を予言したのです。指数関数を使った仮説思考はカーツワイルに引き継がれ、シンギュラリティという概念を生み出しました。

指数関数は「減少」する場合にも使える

指数関数は急激な増加を表すという話をしてきましたが、"減少"を表す場合もあります。そうなるのは、「$y = \bigcirc \times \square^x$」という一般形において、$\square$が1より小さい場合です。例えば、$\square$が$\frac{1}{2}$だとすると、$\square^2 = \frac{1}{4}$、$\square^3 = \frac{1}{8}$、……と$x$が大きくなるごとに$\square^x$は小さくなっていくため、減少を表すことになります。

このことは原発事故の被害を理解する上でキーとなります。2011年の福島原発事故のとき、当初は放射性物質の一種であるヨウ素131による汚染が大々的に報道されましたが、次第にセシウム137等の別の放射性物質がクローズアップされるようになりました。なぜ時とともにクローズアップされる放射性物質が変わったかというと、そこに指数関数が関わっています。

放射性物質はずっと同じレベルの放射線を出しているわけではなく、時間の経過とともに放射線量は減っていきます。目安として放射線量が半分に減るまでの期間を「半減期」と呼びます。つまり、半減期が過ぎたら放射線量は$\frac{1}{2}$になり、半減期の2倍の時間が経てば、放射線量は$\frac{1}{4}$になります。そう考えると、放射線

量は次のように指数関数で表すことができます。

〈放射性物質が出す放射線量の数式〉

$$放射線量 = 事故直後の放射線量 \times \left(\frac{1}{2}\right)^{\frac{経過時間}{半減期}}$$

（※「経過時間」は、事故発生直後からの経過時間を意味します）

　放射性物質の種類によって半減期は大きく異なります。例えば、ヨウ素131の半減期は8日ですが、セシウム137の半減期は30年です。この点を考えると、先ほどの報道の謎が解けます。一般に、原発事故が起きた直後は、ヨウ素131が最も多く放出されます。それに比べるとセシウム137の放出量は少ないですが、ヨウ素131の半減期は8日なので、放射線量は約3ヵ月もすれば$\frac{1}{1000}$になります（$2^{10} = 1024$なので、80日で$\frac{1}{1024}$になる）。一方、セシウム137の放射線量は、30年経ってやっと半分にしか減りません。放射線量がなかなか減らないので、時間が経つとセシウムの方が厄介者になるのです。

2-4　対数関数：数のマジシャン

マグニチュードが1増えると約31.6倍

　最後は、すごく大きな数や小さな数を扱うのに便利な**対数関数**です。いろいろな物事を理解したり計算し

たりする上では、日常ではお目にかからないような非常に大きな数、または小さな数を扱う必要に迫られる場合があります。例えば、地震の規模は解放されるエネルギーの大きさで決まりますが、そのエネルギーがあまりに大きいため、そのままの数値では専門家でもない限りピンときません。エネルギーの大きさはジュールと呼ばれる単位で表され、1ジュールは1kgの鉄球を10cmの高さから落としたときの衝撃と同程度です。巨大地震ともなると、解放されるエネルギーはすさまじい規模になります。1923年の関東大震災では、推定で約44,700,000,000,000,000ジュール（4.47京ジュール）のエネルギーが解放されました。2011年の東日本大震災では、約2,000,000,000,000,000,000ジュール（200京ジュール）のエネルギーが解放されたと推定されています。ただ、この数字を見ただけでは、桁が多すぎてピンときづらいですね。

　そこで、地震の場合は何桁も大きくなっていくエネルギーを「マグニチュード」という1〜10程度の数字に置き換えることで分かりやすくしています。マグニチュードが1大きくなるとエネルギーは約$10^{1.5}$倍＝約31.6倍増、マグニチュードが2大きくなると$10^3 = 1000$倍です（正確な計算はのちほど）。

　これとは逆に、「酸性・中性・アルカリ性」という性質は、水溶液に含まれる水素イオンの濃度によって決まるのですが、一般的には非常に濃度が低いので、濃度の数字そのままでは小さい値すぎてピンときませ

ん。どんどん小さくなっていく濃度を「pH（ピーエイチ、またはペーハーと読む）」という1〜10程度の数字に置き換えて分かりやすくしています。pHが1増えるごとに水素イオンの濃度は10分の1です。

極端に大きな数字や極端に小さな数字を見慣れた1〜10くらいの数字に置き換えるには、どうすれば良いでしょうか？　ここで使われるのが対数関数です。対数関数を理解するためには先に指数関数のところで出てきた「指数表記」を思い出して下さい。栗まんじゅうの個数を表すとき、指数表記だとスッキリと表すことができました。つまり、大きな数は、指数表記にすると分かりやすく表せます。ということは、非常に大きな数が目の前に現れたとき、それを指数表記にパッと変えられる関数があると便利だと思いませんか？例えば、大きな数を$2^\square$という指数表記で表したいとき、指数部分の□を出してくれる関数があれば便利です。

この指数部分□が何になるのかを教えてくれるのが対数関数です。つまり対数関数は、非常に大きい数字や非常に小さい数字を1〜10くらいの見慣れた数字（指数）に置き換えて分かりやすくするマジシャン的な力を持つ関数なのです。

対数関数がどんなものかを、具体的に見てみましょう。対数関数は、次のようにlogという記号を使って表します。これは、対数のことを英語で「logarithm」というので、その先頭の3文字を取ったものです。ちなみに、この単語は16世紀の数学者ネイピアが考案

したもので、logos（言葉）と arithmos（数）をつなげて作った造語です。"数を語る者"みたいな意味合いでしょうか。

〈対数関数の一般形〉

$y = \log_{\square} x \quad \Leftarrow \quad$ 意味：x は $\square^y$ と書ける

（ただし $\square > 0$ かつ $\square \neq 1$、$x > 0$）

この一般形は指数（y）が主役となり、$y = \cdots\cdots$ の形となっているのが特徴です。「2-3 指数関数」の節で説明したように、指数を主役にしたいときは対数という別名で呼ぶのでしたね。

一般形だけではちょっと分かりづらいので具体例で考えましょう。8は 2^3 と書けるので、$\log_2 8 = 3$ です。100は 10^2 と書けるので、$\log_{10} 100 = 2$ となります。このようにして指数部分を取り出すのが対数関数です。

対数関数は、指数関数と表裏一体です。同じことを指数関数で書いてみましょう。

〈同じことを指数関数で書いた場合〉

$x = \square^y \quad \Leftarrow \quad$ 意味：x は $\square^y$ と書ける

どちらも、全く同じ意味の数式です。ただし、指数関数と対数関数では、何を知りたいのかが違います。指数関数は $x = \square^y$ と書くことから分かるように、知りたいのは左辺の x、つまり数そのものです。一方で

対数関数は、$y = \log_\square x$ と書くことから分かるように、知りたいのは左辺の y、つまり数を指数表記したときの指数が知りたいのです。logは、語源の通り、その数の指数表記がどうなるのかを語ってくれる「数を語る者」なのです。

指数関数と対数関数が表裏一体であることを実感するにはグラフを見るのが近道です。例として**図2-11**に $y = 2^x$ と $y = \log_2 x$ のグラフを載せました。2つの式の意味を日本語にすると、以下のようになります。

$y = 2^x$ ： y は 2^x と書ける

$y = \log_2 x$ ： x は 2^y と書ける

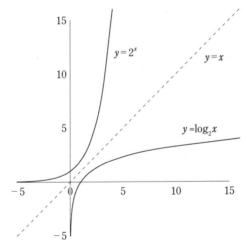

図2-11　指数関数と対数関数のグラフ（例）

このように、2式の意味はxとyを逆転させれば全く同じになります。グラフで言うと、x軸とy軸を取り換えれば全く同じグラフになるということです。そのため、2式のグラフは、$y=x$の線で折り紙のように折り返すと完全に重なります。

　指数関数と対数関数は表裏一体ですが、数値そのものに着目しているのか、指数に着目しているのかによって使い分けます。それぞれの良さがあるので、どちらも重要な関数として様々な分野で活躍しています。

地震の規模を分かりやすい数字で表す

　大きな数字を分かりやすくする例として、地震の規模を表す「マグニチュード」について見ていきましょう。マグニチュードは対数関数を使って次のように定義されます。

〈マグニチュードの計算式〉

$$\text{マグニチュード} = -3.2 + \frac{2}{3} \times \underline{\log_{10}\text{エネルギー}}$$

エネルギーが10の何乗であるか？

　式中で3.2が引かれていたり、$\frac{2}{3}$が掛けられていたりするのは専門的な理由からなので、あまり気にしないで下さい。ポイントは、「$\log_{10}$エネルギー」という部分です。この部分は、エネルギーが10の何乗であ

るかを求めるところなので、例えばエネルギーが100万ジュールであれば「$\log_{10}$エネルギー」は6になります（100万は10の6乗）。このように、「$\log_{10}$エネルギー」は、エネルギーの数値を指数表記した場合の指数部分に対応するので、エネルギーそのものよりはずっと小さな値になります。この式に当てはめて計算すると、関東大震災はマグニチュード7.9、東日本大震災はマグニチュード9となります。

酸性・中性・アルカリ性を分かりやすい数字で表す

　小さな数についても、指数表記で分かりやすく表すことができます。酸性、中性、アルカリ性といった言葉を聞いたことがあると思います。水溶液の性質を表す言葉で、水道水は中性、レモン汁は酸性、石鹸水はアルカリ性というふうに分類していくことができます。洗剤の液性を示すものとして、ボトルのラベルに大きめの文字で書かれていたりします。

　この酸性・中性・アルカリ性という違いは、水溶液に含まれる水素イオンの濃度によって決まります。水素イオン濃度が高ければ酸性、低ければアルカリ性ということになります。水素イオン濃度については

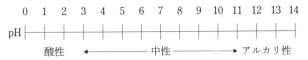

図2-12　pH（ペーハー）値も指数表記の一つ

「mol/*l*（モル・パー・リットル）」という、やや分かりにくい単位で表します。大体のイメージとして1mol/*l*は、水1リットル中に約1グラムの水素イオンが含まれている状況を表します。なぜグラムでなくmolという単位を使うのかについては深い理由があるのですが、それを説明し始めると長くなるので本書では割愛します。

例えば、不純物をほとんど含まない純粋な水（超純水）の水素イオン濃度は、0.0000001mol/*l*になります。レモン汁はおよそ0.01mol/*l*です。水よりレモン汁の方が水素イオン濃度が高いので、酸性度が高いということになります。ただ、ゼロがたくさんついていると非常に分かりづらいですね。そこで、分かりやすくするために指数表記にしてみましょう。ただ、水素イオン濃度が1より小さい数字になるので、指数表記で表すには少し工夫が必要です。

1より小さい数を指数表記にするときは**指数がマイナスになります**。例えば、「10^{-3}」と書いたときは、「$\frac{1}{10^3}$」すなわち0.001を意味します。指数は、もともとは「掛けた回数」を表すものでした。しかし数学では指数表記をより便利な道具とするため1より小さな数にも当てはめられるように定義を拡張します。

例えば、10を掛けていく場合は、10倍されるごとに指数が1ずつ増えていきます。逆に、$\frac{1}{10}$されるごとに指数が1ずつ減っていくと考えることもできます。ということは、10^0は10^1の$\frac{1}{10}$なので1、10^{-1}は10^0の

$\dfrac{1}{10}$ なので $\dfrac{1}{10}$ です。以下同様にマイナスの指数を計算していくことができます。

〈1より小さな数の指数表記〉

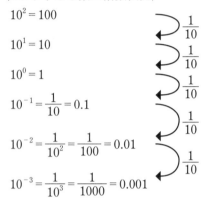

$$10^2 = 100$$

$$10^1 = 10$$

$$10^0 = 1$$

$$10^{-1} = \dfrac{1}{10} = 0.1$$

$$10^{-2} = \dfrac{1}{10^2} = \dfrac{1}{100} = 0.01$$

$$10^{-3} = \dfrac{1}{10^3} = \dfrac{1}{1000} = 0.001$$

　指数がゼロのとき、つまり $\square^0$ という形をしているときは、$\square$ が何であろうと常に $\square^0 = 1$ になるという点は注意して下さい。3^0 も 5^0 も 7^0 も 10^0 もすべて1です。少し違和感があるかもしれませんが、そのように定義すれば、「指数が1つ増えるごとに $\square$ 倍されていく」という指数表記の本質的な規則が維持されます。指数をマイナスまで拡張した今回の例のように、日常的にイメージしやすい計算からまず考えて、本質を抜き出して拡張するということを数学ではよくやります。
　マイナスの指数を使って先ほどの濃度を表してみま

しょう。0.0000001mol/lは、指数表記だと10^{-7}mol/lと書くことができます。レモン汁の0.01mol/lは10^{-2}mol/lです。水素イオン濃度が1mol/lより大きな値になることは非常に稀なので、指数は基本的にマイナスの数字になります。マイナスの符号が常にあるのは煩わしいので取ってしまえばかなりスッキリしそうです。そう考えたデンマークの化学者セーレン・セーレンセンは1909年に次のような指標を提唱しました。

pH $= -\log_{10}$水素イオン濃度

pHは「power of Hydrogen」の頭文字を取ったもので、powerは指数、Hydrogenは水素を意味する英単語です。「水素（イオン濃度）の指数」ということですね。式から分かるように、pHは、水素イオン濃度の対数関数として定義されています。水のpHを具体的に計算してみましょう。

〈**水のpHを計算する**〉

$\text{pH} = -\log_{10}0.0000001$ ←水の水素イオン濃度は0.0000001mol/l

$= -\log_{10}10^{-7}$ ←指数表記にした

$= -(-7)$ ←対数関数を使って指数部分を取り出した

$= 7$

つまりpHとは、水素イオン濃度の指数部分の符号を反転したものです。ただの水がpH＝7で中性、そこから水素イオン濃度が10倍上がるごとにpHは1ずつ小さくなり、酸性度が増していきます。逆に、水素イオン濃度が10分の1になるごとにpHは1ずつ大きくなり、アルカリ性が強くなっていきます。

掛け算を足し算に変えるマジック

対数関数には、もう一つ隠された能力があります。それは、「掛け算を足し算に変え、割り算を引き算に変える」マジックです。次のように、logの中身が♤と◇の掛け算で表されるとき、$\log(♤ \times ◇)$ は $\log♤$ と $\log◇$ の和になります（$x^3 \times x^2 = x^{3+2}$ のように、掛け算が指数の足し算で表せることに対応しています）。また、logの中身が♤と◇の割り算で表されるとき、$\log(♤ \div ◇)$ は $\log♤$ と $\log◇$ の差になります（$x^3 \div x^2 = x^{3-2}$ のように、割り算が指数の引き算で表せることに対応しています）。

〈掛け算　→　足し算〉

$$\log_\square(♤ \times ◇) = \log_\square ♤ + \log_\square ◇$$

〈割り算　→　引き算〉

$$\log_\square(♤ \div ◇) = \log_\square ♤ - \log_\square ◇$$

この関係が成り立つ理由は、指数表記において、掛け算は指数の足し算に、割り算は指数の引き算になる

からです。例えば、$2^4 \times 2^3 = 2^{4+3} = 2^7$ というように、指数表記においては、指数部分の足し算によって掛け算が実行されます。割り算の場合は$2^4 \div 2^3 = 2^{4-3} = 2^1$というように、指数部分の引き算によって実行されます。logは指数部分を取り出す関数なので、掛け算が足し算に、割り算が引き算に変わるのです。

　掛け算・割り算よりも足し算・引き算の方が計算しやすいことが多いため、対数関数は計算を楽にするための道具として使われます。例えば、自動運転車のAIにおいて、センサーのデータから車の位置を割り出すために使われる「ベイズ推定」と呼ばれる計算技術では、コンピューターで非常に多くの掛け算を実行する必要があります。その際、対数関数を使って足し算に変換することで、計算負荷を下げるというテクニックが用いられています。

　掛け算を足し算に変換して問題を解いていくのがどういう感じなのか、具体的な例題で考えてみましょう。ただし、この例題の計算はやや複雑なので、細かい計算はナナメ読みでかまいません。

【例題】　業界トップの夢

　業界2位のB社は、業界1位のA社を売上高で追い越すという野望を持っています。B社の社長は、経理部長のあなたに対して「今後10年でA社の売上高に追いつくために、年率何％の成長が必要か計算しろ」との指示を出しました。現時点で、A社の売上高はB社の

2倍です。また、過去10年間の財務諸表を分析すると、A社の売上高は平均して年率2％で成長していることから、今後10年間も年率2％で成長すると仮定しました。B社は、年率何％で成長すれば10年でA社に追いつけるでしょうか？

....

　まずは、第1章でやった調理師とバイトの時給の問題と同じ要領で、「知ってるふり」をして式を立ててみます。ブラックボックスになっているのは「B社の成長率」なので、それをxと置きましょう。A社の直近売上高は「B社の直近売上高×2」であり、年率2％（つまり1年で1.02倍）で成長することから10年後はその「1.02^{10}」倍になっているので、A社の10年後の売上高は「B社の直近売上高×2×1.02^{10}」となります。一方、B社の10年後の売上高は直近売上高の「x^{10}」倍なので、「B社の直近売上高×x^{10}」となります。10年後にB社がA社に追いつくとすれば、次のような式が成り立つはずです。

　　B社の直近売上高×x^{10}
　　　　＝B社の直近売上高×2×1.02^{10}

　両辺を「B社の直近売上高」で割ると、次のような式になります。

　　$x^{10} = 2 \times 1.02^{10}$

要は、この式が成り立つxの値が分かれば良いことになります。ただ、掛け算が多くてややこしいですね。そこで対数関数の「掛け算を足し算に変える」マジックを使います。そのために少しテクニカルな操作になってしまいますが、あえて両辺の対数を求めます。

$$\log_{10}x^{10} = \log_{10}(2 \times 1.02^{10})$$

　右辺の$\log$の中身は掛け算になっているので、「掛け算を足し算に変える」マジックによって足し算に変えることができます。

$$\log_{10}x^{10} = \log_{10}2 + \log_{10}1.02^{10}$$

　さらに、x^{10}はxを10回掛けたものなので、$\log_{10}x^{10}$は、$\log_{10}x$を10回足したものになります（ここでも「掛け算を足し算に変える」マジックを使います）。同様に、$\log_{10}1.02^{10}$は、$\log_{10}1.02$を10回足したものになります。よって式を次のように書き換えることができます。

$$10\log_{10}x = \log_{10}2 + 10\log_{10}1.02$$

　両辺を10で割ると、次のようになります。

$$\log_{10}x = \frac{\log_{10}2 + 10\log_{10}1.02}{10}$$

　ここまで来て、変に思われた方もいらっしゃるでしょう。というのも、$\log_{10}2$は、意味合いとしては「2は10の何乗であるか」を示しているはずですが、そもそも2は10より小さいので、10を1回掛けた時点で2を超えてしまいます。しかし実は、指数は1, 2, 3,……といった整数値だけでなく、その間の値を取ることも許されています。例えば、$10^{0.5}$は、2回掛けると10になる数を表します。$10^{0.5} \times 10^{0.5} = 10^{0.5+0.5} = 10^1$となります。$10^{0.25}$は、4回掛けると10になる数を表します。$10^{0.25} \times 10^{0.25} \times 10^{0.25} \times 10^{0.25} = 10^{0.25+0.25+0.25+0.25} = 10^1$ですね。このように、"指数表記の掛け算は指数部分の足し算"という原則を守った上で、指数が整数以外の値を取ることもできるのです。

　$\log_{10}2$や$\log_{10}1.02$がどんな数字になるかは、Google先生に聞けば教えてくれます。具体的には、Googleの検索フォームに「電卓」という文字を打ち込んで検索すれば、Googleの電卓が出てきます。そこに「log(2)」と打てば$\log_{10}2$を計算してくれて、0.3010という結果が出てきます（少数第5位四捨五入。以下この節は同じ）。つまり、10の0.3010乗は2になるということです。同様に、「log(1.02)」と打てば$\log_{10}1.02$を計算してくれて、0.0086という結果が出てきます。つまり、10の0.0086乗は1.02になるということです。それらを

式に当てはめて計算すると、

$$\log_{10}x = \frac{0.3010 + 10 \times 0.0086}{10} = 0.0387$$

となります。ここまで来るとlogは用無しなので、外してしまいましょう。

$$x = 10^{0.0387}$$

　最後もGoogle先生の力を借ります。Googleの電卓で、「$10^{0.0387}$」と打ってみましょう（「x^y」というボタンを押せば、指数部分を入力できます）。すると、$10^{0.0387} = 1.0932$であることが分かります。つまり、最終的な答えは「$x = 1.0932$」です。年率9.32％で売上高を成長させれば、10年後にA社に追いつくことができるということになります。どの業界かにもよるでしょうが業界トップの成長率が2％という中で、その5倍近い成長率を10年間も維持するのは相当大変そうですね。

2-5　グラフの形がヒラメキにつながる

人の欲望を関数で表す事例——限界効用の逓減
　いろいろな関数を紹介してきましたが、それぞれの関数は、グラフにしてみると特徴がよく分かりまし

た。関数の細々した定義はどうしても忘れてしまうものですが、関数ごとの大まかなグラフの形を覚えておくことはとても重要です。というのも、関数ごとのグラフの形が頭に入っていれば、「この場合はこの関数が使えそうだぞ」とピンときやすくなるからです。

グラフの形に着目した応用例として、経済学の話をしましょう。経済学と言えば、名のある大学には必ず経済学部があり、ノーベル経済学賞という名誉ある賞が設置されるほどの高尚な学問です。そんな学問の大前提となる仮説の存在をご存知でしょうか?

その仮説とは、「モノの価格は、消費者がどれだけ満足するかで決まる」というものです。経済学では、消費者の満足度のことを「効用」と呼び、それを関数で表します。モノの価格は効用に基づいて決まると考えるのです。この仮説を「効用価値説」と呼びます。

効用価値説の基本的な考え方に触れてみましょう。経済学では、人間に満足をもたらすものを「財」と呼びます。例えば、ヤキトリやビールは財の一種です。また、車や家電製品なども、人に精神的・物質的満足をもたらすので財です。観光や医療などのサービスも財です。効用価値説では、財を消費すると満足度（効用）が上がると考え、人の満足度を図2-13のような関数として表します。

例として、サラリーマンが居酒屋でヤキトリを食べている状況を想像しましょう。図2-13の横軸は食べたヤキトリの本数、縦軸は効用（満足度）を表してい

ます。ヤキトリを食べるごとに満足度が上がっていく
様子が見て取れますね。しかし、1本目と比べれば、
2本目を食べたときの効用の上昇幅は小さくなりま
す。10本目は、9本目よりもさらに効用の上昇幅が小
さくなります。20本目、30本目と食べていくうち
に、効用の上昇幅はもっと小さくなっていきます。

　このように、同じものを消費し続けると満足感が薄
れていくのが人の性です。消費量が増えるにつれて効
用の上昇が緩やかになっていく性質を、経済学では
「限界効用逓減則」と呼びます。ここで**限界効用**と
は、消費量を1単位（ヤキトリの場合は1本）増やした場
合の効用の上昇幅を意味します。消費量を増やすにつ
れて限界効用が逓減（だんだん減るの意）していくの
で、このような名前が付いています。

　図2-13のグラフは実は対数関数になっています。

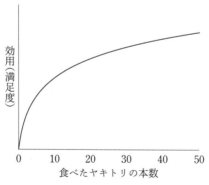

図2-13　効用（満足度）の逓減を数値化した場合（例）

「対数関数と人の欲望には何の関係もないじゃないか」と思われるかもしれませんが、ここでは対数関数のグラフの"形"を利用しています。というのも、対数関数のグラフは、x軸（横軸）の値が大きくなるにつれて、y軸（縦軸）の増え方がだんだん緩やかになっていくからです（少し戻って**図2-11**を参照）。この性質により、限界効用逓減則を表すことができます。

　効用が常に対数関数で表されるわけではなく、使われる関数の種類は状況によって異なってきます。対数関数に限らず、増え方がだんだん緩やかになっていく関数であれば、効用を表す関数の候補となり得ます。

　この経済学での応用例は、今までの切り口と違ったので分かりづらかったかもしれません。要は、グラフの"形"をうまく利用したということです。別の例として、衛星放送の受信や天体観測などに使われるパラボラアンテナは、2次関数で表される放物線の形をしています。それは、アンテナを放物線の形にすると、電波を集めやすくなるからです（なぜかは数学的に証明できるのですが、計算が複雑なので割愛します）。このように、それぞれの関数がどんな形のグラフになるかを知ることは、応用を考える上で重要です。

2-6 線形代数学：
たくさんの変数をまとめて料理

CG動画の無数のドット＝変数も扱える

本章の最後に、少し応用編の話をしたいと思います。今まで出てきたいろいろな関数の応用例では、登場する変数はせいぜい数個程度でした。しかし、ビジネスの応用例によっては、扱う変数が1000個、1万個など、非常に多くなるようなケースも珍しくありません。

例えば、ゲームなどでCGキャラクターを動かすときのことを考えましょう。CG映像は、もとはコンピューター画面上の「点（ドット）」の集まりです。点が無数に集まって線となり、線を組み合わせて立体（ポリゴン）を作るという形でCG映像が構成されています。CG映像が動く（つまり変化する）ときは、コンピューター画面上に並んでいるたくさんのドットの色がお互い連動しながら変わっていきます。結果としてCGキャラクターが動いているように見えるわけです。

コンピューター内では、色を数値に置き換えて管理します。そのため、CGキャラクターが動く映像が流れているとき、コンピューターは、画面上のそれぞれのドットに何番の色が対応するのかを高速で計算していることになります。その計算においては、画面上に無数に並ぶ「ドット」の1つ1つが変数とみなされ、それらの変数にどのような数値（色）が入るべきかと

いう数学の問題に置き換えて解かれています。

　このように、たくさんの変数について扱わなければならないとき似たような変数をパッケージ化して一括処理できれば手間が省けて便利です。そのような方法論が学問体系としてまとめられていて「線形代数学」と呼ばれています。線形代数学はたくさんの変数をまとめて料理する"スーパーシェフ"のような存在です。

　「線形代数学」なんて名前を初めて聞いたという方もいらっしゃるかと思います。線形代数学は中学・高校の授業で出てくることはなく、四年制大学の理工学部などで1年生のときに学ぶのが一般的です。つまり大学レベルの数学ということになりますが、幅広い応用のある重要な学問ですので、ここで紹介したいと思います。

　線形代数学は、本来は変数が非常に多い場合に威力を発揮するのですが、いきなりたくさんの変数が登場する話をしても分かりづらいと思うので、まずは変数が2個の例で説明したいと思います。第1章で、調理師とバイトの時給を求める例題が出てきました。その時の例題と式をここに再掲します。

．．

【例題】　時給はいくら？ (第1章より再掲)

　飲食店で、土日は調理師5名、学生バイト2名で店を切り盛りし、全員が10時間働き、1日あたりの7人の給与は総額12万円（時給換算で1万2000円）でした。平

日は調理師2名とバイト1名で各10時間働き、1日あたりの給与は総額5万円（時給換算で5000円）でした。調理師とバイトの時給はそれぞれいくらでしょう？

〈**調理師とバイトの時給を求める式**（第1章より再掲）〉

$$5x + 2y = 12000$$
$$2x + 1y = 5000 \qquad (※xは調理師、yはバイトの時給)$$

　この式は、x^2やy^2といった項がありませんね。多項式関数のところで説明しましたが、変数が掛けられている回数のことを次数と呼び、最も多く掛けられている項の次数を最高次数と呼ぶのでした。この2本の式は最高次数が1なので、1次関数に似ています。ただし、1次関数のように「$y = \cdots\cdots$」という形をしているわけではなく、式の中に複数の変数が入り乱れていますね。

　このような式を「**連立1次方程式**」と呼びます。

　方程式とは、未知の変数を含む左辺と、右辺をイコールで結びつけた式のことです。複数（この場合は2本）の式が連立していて、最高次数が1であるため、連立1次方程式と呼ばれます。

　さて、ここまでは前準備でした。ここからが線形代数学の話になります。線形代数学が必要になってくるのは、非常に多くの変数を扱わなければならないときです。例えば、先ほど出て来たコンピューター・グラフィックスの映像処理では、画面上の1つ1つのピク

セル（画素）を変数と考え、それぞれにどのような配色をあてがうかをコンピューターが計算しています。

それぞれの変数（ピクセル）はあくまで独立しているのですが、当てはめなければならない計算は共通しています。というのも、すべての変数は「画面上のピクセル」を表すという意味で仲間であり、従って同じ画像処理の計算が適用されるからです。このように、変数がたくさんあり、さらにそれらに適用すべき計算が共通している場合、線形代数学が役に立ちます。

別の例も紹介したいと思います。本章の1次関数のところでノーベル経済学賞に輝いたCAPM（Capital Asset Pricing Model）について紹介しましたが、その論文も線形代数学による計算で構成されています。というのも、金融の世界ではそれこそ数えきれないほどの種類の金融商品が取り引きされているからです。例えば株式も金融商品の一種ですが、東証一部上場企業だけで2000社以上もあるので世界中ともなると数えきれないほどの銘柄の株式が取り引きされています。CAPMでは、そういった1つ1つの金融商品の収益率を変数とみなし、それら膨大な変数を線形代数学によって取り扱うことで理論を展開していきます。その結果として出てきたのが、既に紹介したようにリスクとリターンの関係が1次関数で表されるという結論なのです。

このように、非常に数が多い似たもの同士の変数をまとめて扱えるといろいろな分野で多大なメリットが

あるため、線形代数学はとても重宝されています。

線形代数学の書き方・考え方

　それでは、線形代数学がどのような考え方をするのか見ていきましょう。線形代数学では、先ほどの連立1次方程式をあえて次のように表記します。

〈線形代数学による表記〉

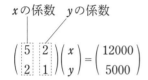

　要は、2つの式をバラバラに書くのではなく、まとめて書いてしまうということです。その際に、(x, y)といった変数の部分と、係数の部分を分離して書きます。1番目の変数（この場合はx）の係数は1列目に、2番目の変数（この場合はy）の係数は2列目に書くという規則があります。このように書くと、先ほどの連立1次方程式と全く同じ意味になります。逆に分かりづらく感じられるかもしれませんが、このような書き方をすることで、計算の見通しが立ちやすくなるのです。

　係数だけをまとめた部分（一番左のカッコ）ですが、例えば、左上の5は「xを5倍して足す」という操作を意味します。右上の2は、「yを2倍して足す」という操作を意味しています。つまり、一番左のカッコは、

変数に対する操作を表しているのです。要は、次のような形式になっています。

〈線形代数学における式の書き方〉

$$\begin{pmatrix} 操 \\ 作 \end{pmatrix} \begin{pmatrix} 変 \\ 数 \end{pmatrix} = \begin{pmatrix} 結 \\ 果 \end{pmatrix}$$

変数が増えた場合でも、同様にして対応できます。例えば、飲食店の例題を拡張して、レジ係も出てくる次のようなパターンを考えましょう。

【例題・拡張版】　時給はいくら？

飲食店で、土日は調理師5名、学生バイト2名、レジ係2名で店を10時間切り盛りし、その際の9名の給与は総額13.6万円（時給換算で1万3600円）でした。平日は調理師2名、バイト1名、レジ係1名で働き、その際の給与は総額5.8万円（時給換算で5800円）でした。祝日は調理師3名、バイト3名、レジ係3名で10時間働き、その際の給与は総額11.4万円（時給換算で1万1400円）でした。調理師、バイト、レジ係の時給はそれぞれいくらでしょう？

この場合、調理師、バイト、レジ係の時給をそれぞれx、y、zとして問題を連立1次方程式で表すと次のようになります。

〈調理師、バイト、レジ係の時給を求める例題の式〉

$5x + 2y + 2z = 13600$

$2x + 1y + 1z = 5800$

$3x + 3y + 3z = 11400$

（※xは調理師、yはバイト、zはレジ係の時給）

　この連立1次方程式を線形代数学で表すと、次のようになります（答えは$x = 2000, y = 1000, z = 800$になります）。同様にして、変数がもっと多い場合は4列目、5列目……と追加していくことができます。

〈線形代数学による表記〉

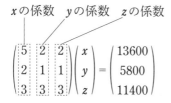

　もともとの式は、x, y, z が入り乱れていて、何をやっているかの意味がつかみづらいものでした。それを、変数は変数だけでパッケージ化し、係数は係数だけでパッケージ化することで、変数に何らかの操作をしているという見方を反映した表記に書き換えました。線形代数学では、操作を表す部分を「行列」と呼びます。行列は英語で「matrix」といいますが、もともとは"母体"という意味の英単語です。変数にどん

な操作を行うかの情報が行列に集約されているので、いわば数式の"母体"のような存在ということです。

このような表記は回りくどく感じるかもしれませんが、変数の個数が100個や1000個や1万個など非常に多くなってくると、多数の変数が入り乱れた連立1次方程式を書くとわけが分からなくなります。変数、操作、結果を分離する先ほどの書き方であれば、変数が多い場合も思考を整理しやすくなるわけです。

単に表記の問題だけならありがたみは少ないですが、本質は実用的なメリットの方です。というのも、線形代数学には独自の計算ノウハウがいろいろとあって、先ほどのようなパッケージ化した表記のまま計算を進めることが可能なのです。

つまり、もともとの連立1次方程式のことは忘れて、行列を使った表記のまま計算していくことができます。連立1次方程式のままだと、変数が増えるごとに計算が急速に煩雑になりますが、線形代数学の計算ノウハウを使う場合は、変数が増えても計算の労力はそこまで変わりません。そのため、変数がたくさんある場合には計算効率が大幅に良くなります（線形代数学の具体的な計算テクニックはかなり専門的な内容になるので、本書で詳細には触れません）。

AIに線形代数学が使われている

線形代数学の例として、人工知能（AI）の仕組みについて触れていきましょう。AIにはいくつかのタイ

プがありますが、近年において特に注目されているのは、「深層学習（ディープラーニング）」と呼ばれるタイプです。深層学習は、人間の脳を電子的に模倣した「ニューラルネットワーク」と呼ばれる技術を使っています。このニューラルネットワークは線形代数学が基本になっているので、そのことについて説明したいと思います。

　人間の脳は、「ニューロン」と呼ばれる神経細胞が電気信号をやりとりすることで情報を処理しています。あるニューロンは、軸索と呼ばれる電気コードのようなものを通して、他の多数のニューロンから入力信号を受け取ります。その際には、すべての入力信号を平等に扱うのではなく、このニューロンから来た入力は重視するけれども、あのニューロンから来た入力は重視しないといった軽重を付けて信号を受け取ります。人間社会に例えると、鈴木さんの情報は信頼性が高いから重視するけど、山田さんの情報は信頼性が低いから重視しないというふうに、情報源によって重み付けをしているイメージです。他のニューロンから受け取った入力信号の合計値がある一定レベル以上に強かった場合に、そのニューロンも電気信号を発します。そうやって、電気信号がニューロンからニューロンへ伝わっていくのです。

　ニューラルネットワークは、このような仕組みをコンピューター上で真似たものです。ニューラルネットワークがどのように情報を処理しているかの模式図を

図2-14に載せました。右側の1個のニューロンは、左側の3つのニューロンから信号を受け取りますが、その際に、どのニューロンから来た入力かによって重要度に差をつけています。それが、図中の「重み」という数字に表れています。この数字が大きいほど、そのニューロンからの入力信号を重視しているということになります。

　信号を受け取ったニューロンは、自分自身も信号を出すかどうか決めなければなりません。その際は受け取った信号が閾値（ある水準）を超えるほど強いものだったかどうかで判断します。より具体的に言うとニューロンが信号を出す場合を1、出さない場合を0とすれば、他のニューロンから来た信号を重み付けして足し合わせ、その合計値が閾値以上であれば自分も信号を出します。

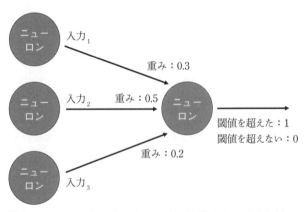

図2-14　ニューラルネットワークの仕組み（図は著者作成）

閾値は場合によって違いますが、例えば0.5として
みましょう。図において入力$_1$ = 0, 入力$_2$ = 1, 入力$_3$ = 1
という信号が入ってきたとすれば、重み付けした合計
の入力は0.7（＝0.3×0 + 0.5×1 + 0.2×1）です。入力信号
の合計値が閾値の0.5よりも大きいので、ニューロン
は信号を出します。入力$_1$ = 1, 入力$_2$ = 0, 入力$_3$ = 0だっ
た場合は、合計値は0.3（＝0.3×1 + 0.5×0 + 0.2×0）とな
り閾値以下であるため、信号を出しません。

　ここまでの話だけでは、どう線形代数学につながっ
ていくのか見えづらかったと思います。しかし、今ま
での話を数式に置き換えてみると、線形代数学との関
連が明確になります。信号の合計値を「合計$_1$」とい
う変数で表したとすれば、合計$_1$は次のように表すこ
とができます。

$$合計_1 = 0.3 \times 入力_1 + 0.5 \times 入力_2 + 0.2 \times 入力_3$$

　では、入力を受けるニューロンが1つでなく3つあ
った場合はどうなるでしょうか？　図中のニューロン
は、入力$_1$、入力$_2$、入力$_3$に対して (0.3, 0.5, 0.2) とい
う重みを持っていましたが、新しく加わった2つのニ
ューロンは、それぞれ (0.7, 0.1, 0.2)、(0.3, 0.3, 0.4)
という重みを持っているとしましょう。2つのニュー
ロンにおける入力信号の合計値をそれぞれ合計$_2$、合
計$_3$とするならば、次のような式が作れます。

〈ニューラルネットワークを連立1次方程式で表したもの（例）〉

合計$_1$ = 0.3×入力$_1$ + 0.5×入力$_2$ + 0.2×入力$_3$

合計$_2$ = 0.7×入力$_1$ + 0.1×入力$_2$ + 0.2×入力$_3$

合計$_3$ = 0.3×入力$_1$ + 0.3×入力$_2$ + 0.4×入力$_3$

　これは、連立1次方程式ですね。つまり、ニューラルネットワークは、連立1次方程式で書き表すことができるのです。この式を、線形代数学の流儀で書き換えてみると、次のようになります。

$$\begin{pmatrix} 0.3 & 0.5 & 0.2 \\ 0.7 & 0.1 & 0.2 \\ 0.3 & 0.3 & 0.4 \end{pmatrix} \begin{pmatrix} 入力_1 \\ 入力_2 \\ 入力_3 \end{pmatrix} = \begin{pmatrix} 合計_1 \\ 合計_2 \\ 合計_3 \end{pmatrix}$$

　この例では信号を出す、受けるニューロンをそれぞれ3個としましたが、実際のニューラルネットワークでは、例えば500個や1000個など、もっと多くのニューロンを使います。それだけ多くのニューロンが関わってくると、連立1次方程式をいちいち書いていたのでは日が暮れてしまいます。一方、変数をパッケージ化して扱う線形代数では、ニューロンの数が3個だろうが1000個だろうが、同じように扱うことができるのです。

仮説を変数と関数で表現してみよう

　本章を読み終えた方の頭脳には、代数学がインストールされました。変数と関数を使って仮説を表現すれば、想定している因果関係が明快になり、思考プロセスも数学に基づいた厳密なものになります。逆に、自分の仮説を関数に落とし込めなかった場合は、まだ数式にできるほど煮詰まっていなかったのだと気付くこともできます。

　思考を明快にし、人を説得する道具として数学を活用するためには、代数学への理解が大いに役立ちます。実は、本章で紹介した以外にも、数学の世界では数え切れないほど多くの種類の関数が研究されています。本章では世の中の理解とビジネスに特に役立つ関数を厳選し、濃縮してお伝えしました。また、本章で紹介した関数の応用例は氷山の一角に過ぎず、実際は言い尽くせないほど様々な場面で利用されていることは申し添えておきたいと思います。

　さて、第2章は計算式が多く出てくる左脳寄りの内容だったので、少しお疲れになった方もいらっしゃるかもしれません。そこで第3章では、図形の学問である「幾何学」について学んでいきたいと思います。右脳を使って図形をイメージしながら、2人目の四天王を知る旅に出かけましょう。

第3章

幾何学

ビジュアル化系数学の
豊かすぎる使い道

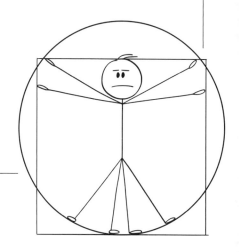

3-1 幾何学は三角形から始まる

三角形は図形の最小単位

　第3章では、幾何学について深く掘り下げていきたいと思います。幾何学は形を研究する学問ですが、その応用は形あるものだけでなく、データなど形なきものにも広がっています。第1章では、歩道橋や駅のスロープの設計に三角関数が使われている事例を紹介しましたが、これは形あるものへの応用例です。歩道橋やスロープの設計においては通路の勾配（水平面からの傾き具合）を決めることが重要で、その勾配、つまり急な傾きか緩やかな傾きかを数値化して検討するときに、勾配のついた通路を三角形の斜辺に見立てて三角関数で表すという話でしたね。また、形なきものへの応用例としては、直角三角形についての定理である「ピタゴラスの定理」が、ビッグデータ解析に応用されているという話もしました。ピタゴラスの定理を使ってデータ間の距離を求めて分類するという話です。いずれも、三角形を使って考えるという事例でした。これらに限らず、幾何学の世界では、三角形を考えることが基本になってきます。

　なぜ三角形が重要なのかというと、三角形はいろいろな図形の基礎となっているからです。平面上に何か図形を描くとき、どこか適当な2つの点を選んでそれらを結ぶと、"線分"となります。それにもう1点を

加えてもともとの2点と結べば、三角形が現れます。つまり、三角形は図形の最小単位と言えるのです。最小単位である三角形について深く理解すれば、様々な"カタチ"を深く知ることができるわけです。

　例として、平面図形の問題を考えてみましょう。三角形の3つの角（内角と呼びます）の角度をすべて足すと180°になります。では、四角形、五角形、六角形……については、内角の和はいくつになるでしょうか？　ちなみに三角形、四角形、五角形、六角形……のことをまとめて**多角形**と呼ぶので、これは多角形の内角の和はどう表されるかという問題になります。

　実は、三角形の内角の和が180°になることを知っていれば、簡単に求めることができます。例えば四角形は、**図3-1**のように2つの三角形に分割することができます。ですので、内角の和は180°×2で360°です。同様に、五角形は3つの三角形に分割できるので、内角の和は180°×3＝540°です。このように、角が1つ増えるごとに三角形が1つ増えるため、内角の

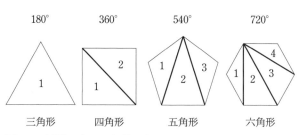

180°	360°	540°	720°
三角形	四角形	五角形	六角形

図3-1　図形の中に三角形がある

和は180°ずつ増えていきます。ということは、多角形の内角の和は、

多角形の内角の和 = (角の数 − 2) × 180°

という式で表せるのです。例えば、九角形の場合は角の数 = 9なので、内角の和は(9 − 2) × 180° = 1260°になります。

　三角形の内角の和さえ知っておけば、すべての多角形の内角の和が分かってしまうということです。三角形が図形の基礎であるという点は、こういったことからも垣間見ることができます。いろいろな図形を考える代わりに三角形だけを考えればよいというのであれば、思考の節約になりますね。これを仮に、思考の節約①と呼びましょう。

〈思考の節約①〉　図形の中の三角形を考える

　なぜ①なのかというと、幾何学では、もう一つ思考の節約（②）が出てくるからです。それについては、後ほど説明いたします。

古代エジプトから使われていたピタゴラスの定理
「はじめに」のところで幾何学は土地測量から発祥したという話をしました。土地を正確に区画したり、面積を測ったりするための実践的な知識が、いつしか学

問へと昇華していったということです。古代エジプトでは「縄張り師」という職業があり、縄を使って土地の境界線を決めていました。エジプト文明はナイル川の周辺に発展しましたが、ナイル川は定期的に氾濫するため、そのたびに耕作地が洗い流され、区画をやり直す必要が生じます。そのときに活躍したのが縄張り師です。彼らは、土地をきれいに区画するために必要な知識として、縄を使って正確な直角を作る方法を知っていたとされています。具体的には、ピタゴラスの定理を応用します。

　ピタゴラスの定理は直角三角形について、

$$斜辺^2 = 底辺^2 + 高さ^2$$

という関係が成り立つとする定理です。シンプルな例として、各辺の長さがそれぞれ3cm, 4cm, 5cmの三角形は、直角三角形になります。その証拠に、$5^2 = 3^2 + 4^2$ という関係が成り立ちます。分かりやすいように長さの単位をcmとしましたが、mでもkmでもフィートでもかまいません。とにかく、3辺の長さの比が3：4：5になっている三角形は、直角三角形になるのです。

　縄張り師はピタゴラスの定理そのものは知らなかったでしょうが、辺の長さを3：4：5にすれば直角三角形が作れることは経験から知っていて、土地の区画に利用していたと言われています。縄に等間隔で印（または結び目）をつけ、底辺を印4つ分、高さを印3つ分、

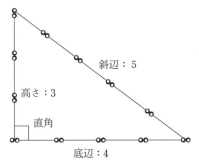

斜辺：5

高さ：3

直角

底辺：4

図3-2　縄を使って直角三角形を作る

斜辺を印5つ分として長さをとれば、斜辺に向かい合う角が直角になります。この方法を使えば、広い土地を正確に区画していくことができるわけです。

相似という考え方の威力

　ピタゴラスの定理を使って長さを調べる例を見てみましょう。東西に40m、南北に30mの長方形の公園があります。この公園の対角線上に道路を施設する場合、道路の長さは何mになるでしょうか？　ここでは、底辺40m、高さ30mの直角三角形を考え、その斜辺が道路の長さに対応すると考えればよいでしょう。そうすると、ピタゴラスの定理から、

$$道路の長さ^2 = (30\text{m})^2 + (40\text{m})^2$$

という関係が成り立ちます。この式を真面目に解いて

もいいのですが、今までの話で答えは分かっています。というのも、ここでの直角三角形は高さと底辺が3：4の関係になっていることから、先ほど出てきた3：4：5の直角三角形に当てはまります。つまり、高さ：底辺：斜辺＝3：4：5になるはずなので、道路の長さは50mになります。

　以上のように、辺の長さの比が3：4：5の直角三角形はいろいろな大きさのものが考えられます。最初に登場した3cm：4cm：5cmの小ぶりなものもあれば、先ほどの30m：40m：50mという大型のものもあります。もちろん、もっと小さいもの（3mm：4mm：5mmなど）や大きいもの（300km：400km：500kmなど）を考えることもできます。これらの三角形は、サイズが違うだけで形は全く同じです。つまり拡大または縮小して大きさを合わせたとすれば、完全に重なります。

　このように、サイズは違うけれども形は同じ図形同士を、「**相似**」の関係にあると言います。"相"は「互いに」という意味を持つ漢字なので、相似は"互いに似る"というような意味合いになりますが、その字義の通りサイズの違いを除けば瓜二つというわけです。この相似という考え方は、幾何学ではとても重要です。というのも、相似の関係にある図形同士は、辺の長さの比など図形としての性質が共通しているからです。そのため、相似な三角形がたくさんあるとしても、そのうち1つの三角形について辺や角度の性質を調べてしまえば、その結果はすべての相似な三角形に

当てはまります。つまり、他は調べる必要がないのです。

三角形が地図作りを可能にした

　この相似の考え方を応用した例として、地図作りのための測量が挙げられます。正確な地図作りに必要なのは、ある地点から別の地点までの距離を精密に測ることです。現代では人工衛星を使った測量システムがその役割を担っていますが、そういった技術が登場する前は、三角測量と呼ばれる方法が広く用いられていました。この方法ではまず、日本の各地に三角点と呼ばれる基準点を数キロおきに設置します。そして、ある基準点に測定器を置いて、近隣にある別の2つの基準点が見える方角（角度）を正確に測定していきます。3つの基準点を結んでできる三角形を考えると、方角を測定することは、三角形の内角の角度を測定していることと同じになります。**図3-3**に例を示したのですが、三角点Aから方角を測定したところ、三角点Bは真北に、三角点Cは北東にあったとします。すると、3つの三角点を結んでできる三角形ABCを考えた時、頂点Aに対応する内角（つまり角BAC）は45°であることが分かります。理由は、真北と北東では、方角がちょうど45°違うためです。

　この測定の目的は、三角点を結ぶ三角形のカタチを調べることです。三角形の内角の角度が分かれば、三角形のカタチが特定されます。というのも、三角形の性質として、3つの内角のうち2つが等しければ相似

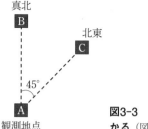

真北
B

北東
C

45°

A
観測地点

図3-3　方角を測定すると角度が分かる（図中の■は三角点を表す）

の関係にあるからです（三角形の内角の和は180°と決まっているので、内角のうち2つが等しければ、残り1つも自動的に等しくなります）。相似の関係にあるということは、サイズだけ違ってカタチは同じということです。つまり、内角の角度を調べれば、サイズはともかくとして、カタチは特定できるということです。このような測定を全国の三角点について実施すれば、**図3-4**のように、日本全体を覆う三角点のネットワーク（三角網）について、それぞれの三角形のカタチが判明します。

　この三角網を使えば、三角点間の距離をたった1ヵ所だけ正確に測ることで、すべての三角点間の距離を計算できてしまいます。具体的には、三角測量で調べた三角形と同じカタチの三角形をミニチュア版で作成すればOKです。相似な三角形同士は、拡大・縮小すれば完全に重なるという話をしました。ですので、ミニチュア版の三角網は、日本を覆う実際の三角網の縮小版コピーになっています。ミニチュア版の三角網における各辺の長さは定規でも簡単に測れるので、あと

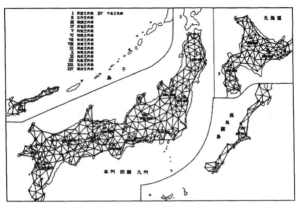

図3-4　一等三角網図（国土地理院HPより）

※三角点には等級（一等～五等）があり地図作成では約40km間隔で設
　置された一等三角点がまず基準となる。二等以降は正確さを増すた
　めの補助として利用される。本図は全国の一等三角点を結んだもの。

は拡大率、つまりサイズの違い（ミニチュア版vs.実際）
さえ分かれば、そこから日本中の三角点間の距離を割
り出すことができます。例えば、ある1ヵ所だけ三角
点間の距離を正確に測り、それが10kmだったとしま
す。一方、ミニチュア版の三角網について、対応する
箇所の長さを定規で測ってみると1cmでした。という
ことは、拡大率は100万倍（＝10km÷1cm）になりま
す。この場合、ミニチュア版の三角網についてすべて
の辺の長さを定規で測り、それを100万倍すれば、日
本を覆う実際の三角網の辺の長さが求められます。そ
して、それこそが、三角点間の距離なのです。つま
り、たった1ヵ所だけ実際の三角点間の距離を正確に

測れば、あとは手元のミニチュア版を使って日本全国の三角点間の距離が分かってしまうということです。

　以上はあくまで概念上の話であり、実際の地図作りにおいては、三角網のミニチュア版を作って定規で測るということはしません。測量によって得た方角（角度）の測定値に加え、実際の三角点間の距離がどこか1ヵ所だけ正確に分かっていれば、数学的な計算によって距離を割り出すことができるからです。ただ、定規で測るか数式を使うかといったアプローチの違いはあまり重要ではなく、相似の考え方が根底にあるというところがポイントです。

　衛星による測量技術が存在しなかった時代は、ある地点までの距離を正確に知りたいとき、巻き尺などを使って直接的に距離を測るしかありませんでした。しかし、巻き尺による測量で日本地図を作るのは、現実的にはかなり難しいと言えるでしょう。完全に平坦な土地ならまだしも、実際は山あり谷あり、ビルや民家もありで、巻き尺を使える場所の方が少ないからです。そもそも、数キロ離れた地点まで届く巻き尺を作るというのも非現実的です。ですから、三角形の相似の性質を使って距離を測るという方法は、重要なブレイクスルーとなったわけです。

星をまたぐ超巨大三角形

　隣り合う三角点間の距離は一般的に数kmほど離れています。つまり、先ほどは一辺の長さが数kmの三

角形を考えていたことになります。相似の考え方を使えば、手元の小さな三角形を調べることで三角点を結ぶ1辺数kmの三角形についても詳しく分かるという話でした。この考え方を広げていけば遠く離れた星までの距離すら測れてしまいます。太陽系から遠く離れたところにある天体までの距離を測りたいときは、どう考えても巻き尺は役に立ちません。そこで三角測量のときと同じように、三角形を使って距離を測ることを考えます。具体的には、距離を測りたい天体、太陽、地球を結ぶ超巨大な三角形を考えます（図3-5）。

この巨大な三角形の頂点Aが、距離を測りたい天体の位置になります。Bは、ある季節（例えば春）における地球の位置、そしてCは、それから半年後（例えば秋）の地球の位置を表しています。つまり、地球は太陽の周りを1年かけて公転しているので、その動きを利用して三角形を作っています。

辺BCは、地球から太陽までの距離の2倍になっていますが、ここについては既に長さが分かっています。というのも、太陽系に属する天体については、はるか遠くの天体よりも詳しい観測データが得られるため、それらを使って互いの位置関係や距離などを割り出すことができるからです。太陽から地球までの距離については約1.5億kmであることが分かっています。つまり、辺BCは約3億kmということになります。三角測量のときと同じように、内角のうち2つの角度が分かればカタチが特定されるので、同じ形の三角形を

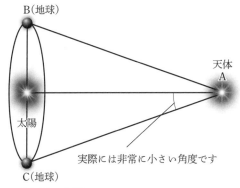

B（地球）

天体
A

太陽

実際には非常に小さい角度です

C（地球）

図3-5　超巨大三角形（国立天文台HP掲載図版を参照）

ミニチュア版で作成すれば、倍率を掛けることで残り
の辺の長さも分かります。倍率を求める方法も先ほど
と同様で、超巨大三角形は辺BCの長さが約3億kmと
判明しているので、それをミニチュア版の対応する辺
の長さで割れば倍率が分かります。そして、残りの辺
の長さ、つまり辺ABまたは辺ACの長さこそが、地
球から天体までの距離を表しているのです。

　角ABCと角ACBについては、それぞれの季節にお
いて夜空を観察し、天体が見える方角を測定すること
で求めることができます。具体的には、その天体が見
える方角と太陽の方角の差が、求めたい角度というこ
とになります。三角形の内角の和は180°なので、角
ABCと角ACBが分かれば、角BACも分かります。こ
うして、内角の角度が分かってしまえば、相似なミニ
チュア版の三角形が作れるので天体から地球までの距

離、すなわち辺ABと辺ACを求めることができます。

　では、実際に天文学者がミニチュア版の三角形を工作しているのかというと、そういうわけではなく、数学的な計算によって辺AB（またはAC）の長さを求めています。ただし、そこで使っている数式は、相似の三角形の性質を利用したものになっています。実際のところ、そういった計算技術を知らなくても、相似の三角形を自作することでも同じ目的は達成できます。手元でミニチュア版の模型を作ることで星までの距離すら測れてしまうところが、相似という考え方のすごいところです。本章の冒頭で、図形の中に三角形を見出すことが思考の節約になるという話をして、思考の節約①と名付けました。その上で、手頃な大きさの三角形について辺や角度の関係を調べ、相似な三角形すべてに当てはめれば、さらなる思考の節約になります。これを思考の節約②と名付けましょう。

〈思考の節約②〉　手頃な大きさの三角形で考え、相似な三角形すべてに当てはめる

　しかし、計算の必要が生じるたびにミニチュア模型を作っていたのでは大変ですし、手先の器用さによって精度の差も出てくるでしょう。そこで、ミニチュア版の三角形について角度や辺の長さの関係をあらかじめ調べた数値をリストにまとめておけば、世界中の人々が利用できて模型を作る必要もなくなります。そ

のような発想に基づいて生み出されたのが三角関数です。

3-2　三角関数は究極の思考節約術

直角三角形の「角度」と「辺の長さの比」の関係

　三角関数という言葉を初めて聞いたとき、混乱した方もいらっしゃるかもしれません。三角形は図形の一種で、図形を扱うのは幾何学です。一方、関数は第2章で紹介したように、変数同士の関係性を表すもので代数学の概念です。なぜ、異なる分野の言葉が結びついているのでしょうか？　これについては、相似の話と深く関わってきます。

　辺の長さの比が3：4：5の直角三角形の例が先ほど出てきましたが、そのときに説明したように、カタチが同じ、つまり相似の三角形については辺の長さの比も同じになります。ここで、どういうときにカタチが同じになるのか、つきつめて考えてみましょう。

　三角形のカタチについて議論するときは直角三角形だけを考えれば十分です。なぜならば、直角がない三角形は直角三角形を2つ組み合わせたものとみなすことができるからです（図3-6）。

　直角三角形の場合、1つの角は直角（90°）と決まっています。また、三角形の内角の和は180°なので、残りの2つの角は足したら90°になります。つまり一

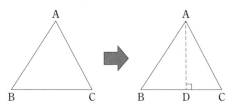

図3-6　三角形ABCは直角三角形ABDとACDの組み合わせ

方の角度が決まってしまえば、残りの角度も自動的に
決まるということです。例えば一方が60°なら、もう
一方は30°（＝90°－60°）というふうに。

　すなわち、直角三角形については、直角でない2つ
の角のうち1つでも互いに一致していれば結果的にす
べての内角が一致していることになるのでカタチが同
じ、つまり相似の関係にあることになります。相似の
関係にあるということは、辺の長さの比が同じという
ことです。第2章を読むことで頭にインストールされ
た代数学の考え方を使って、このことを解釈してみま
しょう。「角度」と「辺の長さの比」は、どちらも何
らかの数値であり、変数と考えることができます。そ
して、「角度」が決まれば「辺の長さの比」が決まる
という意味で、これら2種類の変数には対応関係があ
ります。第2章で説明したように、代数学では変数同
士の関係性を関数と呼ぶのでした。すなわち、「角
度」と「辺の長さの比」の関係性は、関数とみなすこ
とができるのです。ここでは、代数学と幾何学を融合
させた考え方をしていることに注意して下さい。図形

にまつわる変数を結びつける関係性、すなわち関数を
考えようということです。

「角度」と「辺の長さの比」の関係を関数として表し
てみましょう。といっても、辺の長さの比には複数の
パターンがあるので、網羅的に考える必要があります。具体的に全パターンを書き出すと、

①「$\dfrac{高さ}{斜辺}$」、②「$\dfrac{底辺}{斜辺}$」、③「$\dfrac{高さ}{底辺}$」、

④「$\dfrac{斜辺}{高さ}$」、⑤「$\dfrac{斜辺}{底辺}$」、⑥「$\dfrac{底辺}{高さ}$」

の6通りがあり得ます。

　しかし、よく見てみると、④〜⑥はそれぞれ①〜③
の分子と分母が逆転しているだけですね。

　例えば、④「$\dfrac{斜辺}{高さ}$」は、①「$\dfrac{高さ}{斜辺}$」の分子と分母
が逆転しているだけなので、どちらか一方を考えれば
十分です。そうやって整理すると、①〜③だけを考え
れば十分であることが分かります。

　まとめると、三角形にまつわる関係性（＝関数）と
して考えるべきなのは、次の3種類です。

関係性その1：角度　↔　$\dfrac{高さ}{斜辺}$　⇒　高さ÷斜辺

関係性その2：角度　↔　$\dfrac{底辺}{斜辺}$　⇒　底辺÷斜辺

関係性その3：角度　↔　$\dfrac{高さ}{底辺}$　⇒　高さ÷底辺

　これら3つの関係性（＝関数）には、名前がないと不

便ですね。実は既に名前があって、関係性1〜3の順に「sine（サイン）」、「cosine（コサイン）」、「tangent（タンジェント）」と名付けられています。数式として書く場合は、**図3-7**のように、最初の3文字を使ってsin、cos、tanのように表記し、「角度」を入力すると「辺の長さの比」が出力される関数として表現します。これらは、三角形についての関数なので、まとめて三角関数と呼ばれます。

〈三角関数とは〉
　直角三角形の「角度」と「辺の長さの比」の関係

　いきなりsin、cos、tanなどという言葉が出てきて戸惑うかもしれませんが、別に名前は何だって良いのです。例えば、三角関数一号、二号、三号とかでもかまいません。ただ、数学的な意味合いや歴史的な経緯が関係してsin、cos、tanと呼ばれています。語源を知りたいところでしょうが、この後のトピックとも関

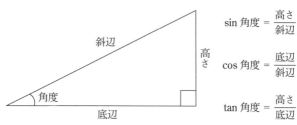

$$\sin 角度 = \frac{高さ}{斜辺}$$

$$\cos 角度 = \frac{底辺}{斜辺}$$

$$\tan 角度 = \frac{高さ}{底辺}$$

図3-7　三角関数の定義

係するので少し後で説明するまでお待ち下さい。

　三角関数の巧妙な点は、辺の長さそのものではなく、「辺の長さの比」を変数とみなしているところです。相似な三角形は辺の長さの比が一致するので、三角関数はどんな大きさの三角形にも適用できるという汎用性を備えています。

円と組み合わせて広がる世界

　三角関数への理解をさらに深めるために、少し違った視点から見てみましょう。三角関数は、三角形だけでなく、代表的な図形の一つである「円」とも関わりが深いのです。**図3-8**は、横軸をx、縦軸をyとした平面上に円を描いたものです。この円は、中心が(x, y) $=(0, 0)$の位置にあって、半径は1となっています。数学では、半径1の円のことを**単位円**（たんいえん）と呼びます。こう言うと、1は1cmのことなのか、1mのことなのか、長さの単位が書いてないじゃないかと思われるかもしれません。しかし、ここでは単位をあえて書いていないのです。1を1cmとしても1mとしても、あるいは1インチや1フィートとしても、議論の展開は全く同じになります。この段階で具体的に1cmなどとすると、では1mのときは違う議論になるのか、などの詮索が生じてしまいかねません。単位は議論の展開に影響しないので、一般性を保つためにあえて書いていないということです。具体的な事例に応用する際に、その事例がcm単位の議論なのか、m単位の議論なのか

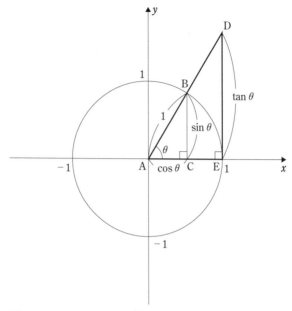

図3-8　円と三角関数の関係
※図中の θ（シータ）は角度を表している

という個別の状況に合わせて後から単位を考えれば良いのです。

　sin、cos、tanは、一見すると互いに無関係にも思えますが、単位円を使うと、隠された関係性をビジュアライズできます。

　図3-8を詳しく見てみましょう。数学では、角度のことをギリシア文字の θ（シータ）で表すことが多いので、その慣習に従って角度を θ で表現しています。

直角三角形ABCについて考えると、$\cos\theta = \dfrac{底辺}{斜辺} = \dfrac{AC}{AB}$ですが、辺ABの長さは1なので、AC = $\cos\theta$となることが分かります。同様に、$\sin\theta = \dfrac{高さ}{斜辺} = \dfrac{BC}{AB}$ですが、辺ABの長さは1なので、BC = $\sin\theta$となります。次に、直角三角形ADEを考えます。$\tan\theta = \dfrac{高さ}{底辺} = \dfrac{DE}{AE}$ですが、辺AEの長さが1なので、DE = $\tan\theta$となります。このように、単位円を考えると、sin、cos、tanが図形の中でお互いに関係し合っていることが分かるのです。

　この図に示されているように、三角関数は、斜辺（または底辺）の長さが1の直角三角形を考えることで整理できます。そして、相似の三角形については辺の長さの比が同じになるので、斜辺（または底辺）の長さが1の直角三角形について成り立つ関係は、あらゆるサイズの相似な三角形にも当てはめることができます。逆に言えば、斜辺（または底辺）の長さが1の直角三角形について、角度と長さの比の関係を調べて関数としてまとめておけば、その関数を使ってあらゆる大きさ・カタチの三角形を分析できます。

　つまり三角関数とは、図形の中の三角形を考えるという思考の節約①と、相似な三角形を考えるという思考の節約②を組み合わせて生み出された**究極の思考節約術**なのです。

サイン、コサイン、タンジェントという言葉の由来

　実を言うと、sine、cosine、tangentという名前の由来も、このような円との関係から来ています。

　まず、sineは、サンスクリット語で「弦（弓に張る糸のこと）」を表す言葉が由来となっています。というのも、三角関数の考え方は古代エジプトやギリシアで生まれてインドへ伝わったのですが、当時の三角関数の定義は今と異なっていて、**図3-8**で言えば三角形ABEの辺BEの長さと角度θの関係を意味していたからです。辺BEは、円周上の2点B、Eを結ぶ糸のように見えますね。それを当時の数学者は、弓に張られた糸に見立てたのでした。

　次にcosineの語源についてです。今は角BAC（θのところ）に注目しているわけですが、そのとき、もう一方の直角でない角ABCのことを余角と呼びます。もう一方の余りの角といったような意味ですね。余角を基準に考えると、辺BCを底辺、辺ACを高さとみなすことができます。ということは、余角のsineは$\frac{AC}{AB}$となって、これは先ほどのcosineの定義そのままです。つまり、cosineとは、「余角のsine」だったのです。余角は英語でcomplementary angleと呼ぶので、頭の「co」をsineにつけてcosineとなります。

　最後にtangentですが、これはラテン語で「接する」という意味を持つtangereから来ています。辺DEが単位円に接していることから、このように名付けられました。

地震も音楽も三角形の集まりだった

　三角形が円と深い関わりがあるという話をしました。実は、このことが三角関数の応用を広げていく上で非常に重要になってくるので、その話をしたいと思います。世の中には、一定の周期で行ったり来たりする繰り返し運動が至るところで見られます。その代表は「回転」で、1周するごとに元の位置に戻ってきます。車のタイヤの回転、コマの回転、ヘリコプターの羽の回転など身近なものから、地球が太陽の周りを回る動き（公転運動）など、いろいろな例がありますね。ぐるぐる回る運動のことです。

　もう一つ、別のタイプとして「振動」があります。これは、回転運動ではないけれども繰り返しパターンが見られるものです。バネの先に重りをつけて引っ張ったあとで手を離すと、重りが上下動を繰り返しますが、あのような運動のことです。寄せては返す海の波、地殻の振動により発生する地震波、血管の拡張と収縮が繰り返される脈拍などなど。そして、私たちが聞いている音についても、その正体は空気の振動です。株価は上がったり下がったりを繰り返しますし、景気の波は好況と不況の繰り返しです。その他にも、挙げればきりがないほど事例があります。振動という言葉に堅苦しい響きを感じる方は、バネが上下にびょんびょん伸び縮みするような、あのびょんびょん運動と考えていただければと思います。

「ぐるぐる」を三角関数で表す

　こういった繰り返し運動を数式で表すことができれば、様々な分野に応用できて大変便利に違いありません。そこで、まずは「回転」について考えてみましょう。回転は、別名で円運動とも言われるように、円の軌跡を描きながら動いていきます。先ほど説明したように、三角関数は円と関わりがあるので、三角関数が使えるのではないかという期待が湧いてきます。実際のところ、三角関数で回転を表すためには、ちょっとした工夫をするだけでOKです。というのも、図3-8において角度 θ が時間とともに増えていくと考えれば、単位円上の点Bは回転運動をすることになるからです。

　例えば、時計の秒針と同じように60秒間で1回転する状況を考えましょう。1回転は360°なので、1秒間で6°（＝360÷60）だけ回転していることになります。この場合、経過時間を t（秒）とおくと、「$\theta = 6° \times t$」と表すことができます。$\theta = 0°$ からスタートして、1秒後には $\theta = 6°$、2秒後には $\theta = 12°$、というふうに角度が増えていきます。そして、60秒後には $\theta = 360°$ になって、元の位置に戻ってきます。61秒後には $\theta = 366°$ となり、角度が計算上は360°より大きくなってしまいますが、その場合は1回転して元の位置に戻ってから再スタートしたと考えれば、$\theta = 6°$ のときと同じ位置であることが分かります。同様に、121秒後には726°になりますが、これは2回転してか

ら $\theta = 6°$ の位置に来たことを意味すると考えればOK です（$726° = 360° \times 2 + 6°$）。

　つまり、回転を数学的に表したいときは、角度 θ が時間とともに増えていくと考えて、θ の変化につられて動く点Bの位置を追えば良いのです。ここで補足ですが、点Bは横軸 x、縦軸 y の平面上にあるので、その位置は x 軸上の位置と y 軸上の位置を並べて（x 軸上の位置, y 軸上の位置）という形で表すことができます。このように、グラフ上の点の位置を示す数の組のことを**座標**と呼びます。また、x 軸上の位置を x 座標、y 軸上の位置を y 座標と分けて呼ぶこともあります。単に x と言うよりも x 座標と言った方が、グラフ上の位置の話をしていることが明確になるので便利な言葉です。

　今回の例では、点Bの座標は $(x, y) = (\cos \theta, \sin \theta)$ というふうに、三角関数を使って書くことができます。単位円より大きい円や小さい円の上を動く円運動については、単に倍率を掛けるだけで対応できます。例えば、半径2.5の円上を動く点の座標は $(x, y) = (2.5 \times \cos \theta, 2.5 \times \sin \theta)$ と表せます。というのも、円は三角形と違ってカタチの違いが生じるはずもないので、すべての円はカタチが同じであり、従って互いに相似の関係にあるのです。だからこそ、単位円上の運動について数式で表すことができれば、あとは倍率を掛けるだけで他の円についても対応できます。ここでも、相似の考え方が活かされています。

「びょんびょん」を三角関数で表す

さて、回転については三角関数を使って表せたので、次は振動を考えましょう。振動の代表的な例の一つが、バネにつながった重りの動きです。図3-9のように、バネにつながった重りを引っ張ってから離すと、上下に行ったり来たりを繰り返しますが、時間の経過による重りの位置の変化を表したのが右側のグラフです。横軸は経過時間で、縦軸が重りの位置を表しています。このように、振動はグラフで表すと山と谷が繰り返し現れ、波のような形になるのが特徴です。振動をグラフで表したとき、山の高さ（または谷の深さ）のことを**振幅**と呼びます。そして、山と谷が繰り返す時間間隔のことを**周期**と呼びます。

周期が短い波ほど、山と谷を繰り返すペースが速いということです。例えば、山と谷が2秒間隔で繰り返している波は、周期2秒となります。ただし、繰り返しペースが非常に速い波については、周期で表現する

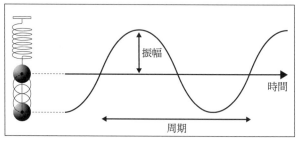

図3-9　振動をグラフで表したもの

と多少不便なことがあります。例えば、山と谷を0.000125秒ごとに繰り返す波の場合、周期は0.000125秒になりますが、小数点が出てきてややこしいですね。そういうときは、1秒間に山と谷が何回繰り返すかという見方にシフトします。1秒間に山と谷を繰り返す回数のことを**周波数**（しゅうはすう）と呼び、Hz（ヘルツ）という記号で表します。例えば、周期0.000125秒の波の場合、1秒間に山と谷が8000回（＝1÷0.000125）繰り返されています。ですので、周波数は8000Hzとなります。

　この山と谷を数式で表すことができれば、振動を数学で取り扱うことができるようになります。では、何度も山と谷が繰り返される動きを数式で表すには、どうすれば良いでしょうか？　繰り返し運動には回転と振動の2種類があり、回転については三角関数で表せるという話をしました。回転が三角関数で表せるなら、同じ繰り返し運動の仲間である振動についても、三角関数で表せそうな気がしてきますね。

　実を言うと、本章の今までの話の中で、99％くらいは答えが出てしまっています。単位円の**図3-8**を思い出して下さい。この図で、角度θが時間の経過とともに増えると考えれば、回転を表せるのでした。具体的には、単位円上の点Bが回転します。さて、点Bのx座標とy座標の時間変化を見てみると、どのような動きをしているでしょうか？

　図3-10に、点Bのx座標とy座標の動きを示しました。共に、横軸が経過時間、縦軸が座標です。θは先

x座標の動き：$x = \cos(6° \times$ 時間$)$

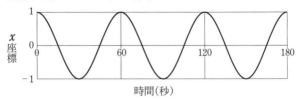

y座標の動き：$y = \sin(6° \times$ 時間$)$

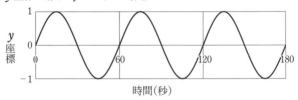

図3-10　単位円上の点（図3-8の点B）の動き

ほどの例と同様に、1秒間に6°のペースで増えていくとします。出発点である $\theta = 0°$ のとき、点Bは $(x, y) = (1, 0)$ にあるので、x座標は $x = 1$ からスタートします。その後、点Bは θ が大きくなるにつれて反時計回りに動くので、x座標は $x = -1$ へ向かっていき、そこからまた反転して $x = 1$ へ向かっていくという繰り返しになります。一方、y座標は $y = 0$ からスタートして $y = 1$ へ向かっていき、そこから反転して $y = -1$ へ向かい、また反転して $y = 1$ へ向かうという繰り返しになります。

　ですので、それぞれをグラフにしてみると、山と谷を一定周期で繰り返す波のような形になります。具体

的にどんな数式になるかというと、まずはθが1秒間に6°のペースで増えていくことから、「$\theta = 6° \times$時間」と表せます。そして、点Bの位置は先ほど出てきた通りに$(x, y) = (\cos\theta, \sin\theta)$と表せるので、これらを組み合わせると点Bの座標は$(x, y) = (\cos(6° \times$時間$),$ $\sin(6° \times$時間$))$と表すことができます。

山と谷が繰り返し現れていて、振動のグラフそのものですね。つまり、回転している点のx座標、y座標の動きは振動とみなせるのです。そもそも、回転している点のx座標とy座標は、共に決まった範囲（図3-8の点Bの場合は-1と1の間）を周期的に行ったり来たりするので、それをグラフにしてみると、周期的に行ったり来たりする波の形を描くわけです。

回転と振動は、一見すると違う動きのように見えますが、裏でつながっていたのです。つまり、回転と振動は同じ動きを別の視点から見ているだけなので、回転を三角関数で表せるのなら、振動も当然に三角関数で表せるということです。**図3-10**は、点Bが単位円上を1秒間に6°（60秒で1周）というペースで回転した場合のものなので、振動の振幅は1、周期は60秒になります。

円の大きさや回転の速さを調節すれば、様々な振幅・周期の振動を表すことができます。例えば、振幅2.5、周期5秒の振動を表したい場合は、半径2.5の円上を、5秒間で1周するような点の動きを考えればOKです。5秒間で1周（360°）ということは、1秒間では

72°（= 360° ÷ 5）ですね。つまり、半径2.5の円上を、1秒間に72°というペースで回転する点を考えればよいということです。振幅0.8、周期10秒であれば、半径0.8の円上を1秒間に36°（10秒間で1周）のペースで動く点を考えることになります。

3-3　フーリエ変換で波も表現・計算できる

波を解体せよ

三角関数を使えば、回転や振動を表せることが分かりました。しかし、話はこれで終わりではありません。三角関数が真に有用であるためには、現実の事例に応用できる柔軟性が必要です。そこで注意すべき点として、世の中に見られる振動のパターンは、$\sin\theta$や$\cos\theta$のグラフのようにシンプルではなく、もっと複雑な場合がよくあります。例えば、私たちが普段聞いている音の正体は空気の振動です。図3-11は4種類の楽器の音の波形をグラフで表したものですが、どれも複雑な波形をしています。このように複雑な波形は、どうやって表現したら良いでしょうか？

一見すると三角関数で表すのは難しそうですが、そこはひと工夫で突破できます。そのひと工夫とは、複雑なものを単純なパーツに分解して考えるという、数学や自然科学でよくある方法論です。少し堅苦しい言い方をすると、単純な構成要素に還元して考える、要

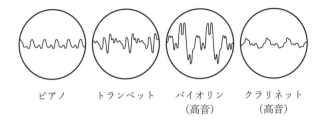

ピアノ　　トランペット　　バイオリン　　クラリネット
　　　　　　　　　　　　　（高音）　　　（高音）

図3-11　楽器の音の波形例（志村忠夫『いやでも物理が面白くなる〈新版〉』電子書籍版〔講談社ブルーバックス〕より）

　素還元の発想です。より具体的に言うと、複雑な波は、単純な波がいくつも足し合わさって作られていると考えるのです。そして、複雑な波を、その構成要素である単純な波に分解することを考えます。

　例えば**図3-12**は、4つの単純な波が足し合わされることで一番下の複雑な波形が作られています。逆に言えば、一見すると複雑な波も単純な波の足し合わせに分解することができるのです。

　単純な波（振動）は三角関数を使って表せるので、複雑な波も単純な波の足し合わせに分解すれば、三角関数で表せることになります。音波、地震波、海の波、景気変動の波など、世の中で見られる波は複雑な波形をしているのが常ですが、数学ではそれを複雑なまま扱うのではなく、単純な波の足し合わせに分解することで、計算や分析をやりやすくします。そして、複雑な波を単純な波の足し合わせに分解する数学的な手順のことを**フーリエ変換**（へんかん）と呼びます。

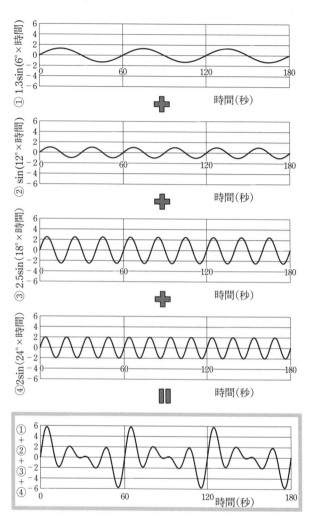

図3-12　複雑な波は単純な波が足し合わさってできている

フーリエ変換の正式な計算手順には大学レベルの数学が必要になってくるのですが、本章では計算の詳細には立ち入らず、そのキーとなる考え方だけお伝えしたいと思います。

　ヨーロッパの古い教会や修道院は、かなり芸術的で複雑な造形をしていますが、よく見ると、単純な形状のレンガを積み上げることで作られています。それと同じように、どんなに複雑に見える波形でも、単純な波の足し合わせからできているのです。フランスにモン・サン＝ミシェル修道院という世界遺産があり、私も観光で訪れたことがあるのですが、島全体を覆うほどの巨大で複雑な修道院が、レンガを積み上げることで作られています。現地の観光ガイドによると、職人たちが何百年もかけてレンガを積んでいったそうです。フーリエ変換は、モン・サン＝ミシェルのレンガ職人のように、単純な波を積み上げていって複雑な波を表現します。

フーリエ変換の考え方

　フーリエ変換について、もっと詳しく見ていきましょう。フーリエ変換は、複雑な波形を単純な波の足し合わせに変換する方法で、18世紀の数学者ジョゼフ・フーリエが考案したため、このような名前が付いています。鍵となるのは、**波を掛け算する**という発想です。波を掛け算するとはどういうことかを、図3-13に示しました。2つの波を掛け算するとは、同時

刻における波の高さ（谷の場合は深さで、マイナスの数字で表す）の数値を掛け算するということです。

　こうやって波の掛け算をしてみると、周期が同じ波同士を掛け算したときと、周期が違う波同士を掛け算したときで結果が違います。逆に言えば、掛け算したときの結果を見比べることで、元の波の周期が同じか違うかを判別できるということです。

　より具体的に言うと、全く同じ周期の波同士を掛け算したときは、ゼロかプラスの値しか出てきません。そうなる理由ですが、波をグラフにしてみると、時間の経過とともにプラス領域とマイナス領域を周期的に行ったり来たりしています。周期が同じ波を掛け算した場合、プラス領域とマイナス領域が完全に同じタイミングで出てくるので、掛け算はプラス×プラス、マイナス×マイナス、ゼロ×ゼロのいずれかになり、**図3-13**のように結果は常にプラスまたはゼロになります（マイナス×マイナスはプラスのため）。

　ところが、周期が違う波を掛け算した場合、プラス領域とマイナス領域の出てくるタイミングがズレているので、一方がプラス領域のときに他方がマイナス領域（掛け算の結果はマイナス）だったり、両方ともプラス領域またはマイナス領域（掛け算の結果はプラス）だったりします。そのため、結果は**図3-14**のようにプラスとマイナスが混在した形になります。

　つまり、掛け算の結果としてプラスマイナスが混在していれば、元の波同士は周期が違ったということに

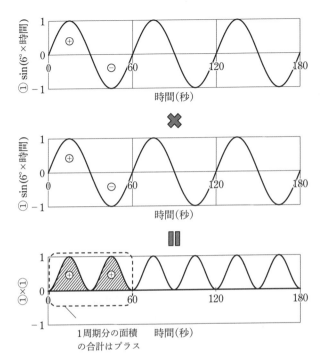

図3-13　周期が同じ波を掛け算すると面積の合計はプラスになる

なり、そうでなければ周期が同じだったということになります。ただし、プラスマイナスが混在しているかどうかを目で見て判断するという方法はあまりスマートではありません。というのも、膨大なデータを処理するときに、いちいち目で確認していたのでは日が暮れてしまうからです。

プラスマイナスが混在しているかどうかを判断する便利な方法として、掛け算の結果をグラフで表し、そのグラフの1周期分の面積（**図3-13**および**図3-14**の斜線部分）を求めるというものがあります。**図3-13**にあるように、周期が同じ波同士を掛け算したときの結果はプラスかゼロなので、1周期分の面積は必ずプラスの値になります。

　一方、周期が違う波同士を掛け算したときは、**図3-14**のようにプラスマイナスが混在して出てきますが、このときプラス領域とマイナス領域の面積を1周期分合計すると打ち消し合ってゼロになります。合計がちょうどゼロになるのは数学的に深い理由があるからですが、それは大学の数学科で学ぶレベルの話になるので、ここでは割愛します。大まかなイメージとしては、波は山と谷が同じ幅をもって周期的に表れるので、それらを掛け算した結果もプラスとマイナスが同じだけ現れるのだと考えて下さい。

　ちなみに、掛け算の結果は曲線的なグラフで表されているので、どうやって面積を求めればよいのだと疑問に思われるかもしれません。実際、三角形や四角形なら小学校で習う公式を使って面積を求めることができますが、こういった曲線で描かれた図形の面積は、小学校で学ぶ簡単な公式で求めることはできません。このようなケースでは、第4章で学ぶ積分の考え方を使って面積を求めることができるので、詳しくは第4章で説明します。

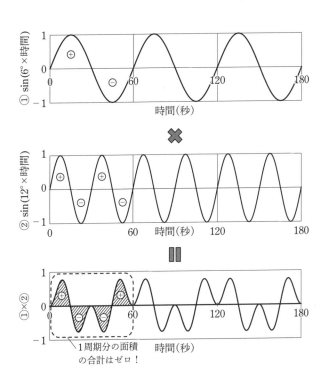

図3-14　周期が違う波を掛け算すると面積の合計がゼロになる

隠れている波の探り当て方

　フーリエは、こうした波の掛け算に関する性質を利用すれば、複雑な波を単純な波に分解できることに気付きました。複雑な波は単純な波が足し合わさってできていることは先ほど説明した通りですが、単純な波がどういう割合で足し合わされているのかは、波形を

見ただけでは分かりません。例えば、少し前の**図3-12**で、複雑な波が4つの単純な波からできているという話をしましたが、仮に、一番下の複雑な波のデータしか手元になく、単純な波でどう表せばよいか知らない状況だったとしましょう。どうすれば、構成要素である4つの単純な波を特定できるでしょうか？　名前がないと説明しづらいので、この複雑な波のことをWと呼ぶことにします。

　考え方は至ってシンプルで、単純な波を順番にWに掛け算していけばよいのです。**図3-15**の図解をもとに説明したいと思います。波Wは4つの単純な波からできていますが、私たちはそのことを知らない状況だとします。知らないということを表すため、全体をボックスで囲っています。中身が見えないブラックボックスということです。

　私たちは今、波Wの中身を知りません（ということにします）。そこで、まずは波Wに含まれる単純な波としてどのようなものがあり得るかを把握する必要があります。最初に候補が分かっていれば候補を一つひとつ調べていけばいいからです。先に結論を言うと、複雑な波の周期の整数分の1を周期とする単純な波であれば、その複雑な波に含まれている可能性があります。つまり、Wの周期の$\frac{1}{1}$倍、$\frac{1}{2}$倍、$\frac{1}{3}$倍、$\frac{1}{4}$倍……の周期を持つ単純な波はWに含まれている可能性があります。

　図3-12を見ると、波W（一番下のグラフ）は60秒ごと

に同じ波形を繰り返しているので、その周期は60秒です。なので、周期が60秒（60÷1）、30秒（60÷2）、20秒（60÷3）、15秒（60÷4）、12秒（60÷5）、……の単純な波は、Wに含まれている可能性があります。なぜならば、Wが60秒で1サイクルを終えるのだから、含まれる波も60秒で1サイクル、あるいは複数サイクルを完了しているはずだからです。例えば、周期20秒の波は60秒で3サイクルを完了するので、候補となるわけです。一方、もし60秒でサイクルが完了しない波、例えば周期61秒や22秒の波が混ざっていたとすれば、足並みが揃わないのでWの周期は60秒にはならないはずです。つまり、Wの周期が60秒という時点で、こういった波は候補から外れます。

　例として、単純な波の一種である sin（12°×時間）

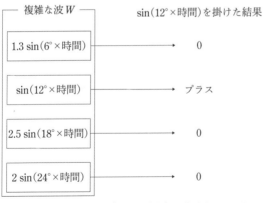

図3-15　波 W には sin（12°×時間）が含まれている

が W に含まれているかをチェックしてみましょう。これは、周期30秒の波になります（$12° × 30 = 360°$）。ここで注意ですが、$\sin (12° × 時間)$ は例示のためにとりあえず選んだに過ぎず、実際にはすべての候補をチェックする必要があります。実社会への応用では、コンピューターによってすべての候補を総当たり方式で確認することで、人間の手を煩わすことなくこういった計算が遂行されていきます。

　まず、W に $\sin (12° × 時間)$ を掛け算し、1周期分の面積を求めます。ここで、W が本来は4つの単純な波の足し算であることを思い出して下さい。W に $\sin (12° × 時間)$ を掛け算するということは、W を構成する4つの単純な波のそれぞれに $\sin (12° × 時間)$ を掛け算し、面積を求めていることと同じになります。W を構成する単純な波のうち、$\sin (12° × 時間)$ 以外の波については周期が違うため面積がゼロになります。一方、$\sin (12° × 時間)$ については周期が同じなので、面積がプラスになります。結果として、W に $\sin (12° × 時間)$ を掛けた結果は、面積プラスとなります。

　もし、W に $\sin (12° × 時間)$ が含まれていなかった場合はどうなるでしょうか？　波 W を構成する4つの単純な波のうち、$\sin (12° × 時間)$ を $\sin (30° × 時間)$ に差し替えたものを波 W' とします。波 W' には $\sin (12° × 時間)$ が含まれていないので、W' と $\sin (12° × 時間)$ を掛け算して1周期分の面積を求めるとゼロになります。要するに、複雑な波に単純な波を掛けた結

果として面積がプラスになれば「含まれている」、ゼロになれば「含まれていない」と判定できるのです。$\sin$（$6°×$時間）（$6×60＝360$なので周期60秒の波）など、その他の単純な波についても、同様の手順で含まれているかどうか確認できます。この方法の便利なところは、私たちがあらかじめブラックボックスの中身を知っている必要がないという点です。中身を知らなくても、掛け算をして面積を求めることは問題なく実行できます。その結果に基づいて、単純な波が含まれているかどうかが分かるわけです。単純な波を順番に掛け算していくことによって、レントゲンのようにブラックボックスの中身を垣間見ることができるのです。

　また、単純な波が含まれているか否かといったことだけではなく、どれくらい含まれているのかも同じ方法で調べることができます。例えば波 W を見てみると、$\sin$（$6°×$時間）には1.3という係数がかかっていますね。この係数の部分が大きいほど、その単純な波の振幅が大きいということになります。要するに、係数の値が分かればその波がどれくらいの振幅で含まれているかが分かるわけです。係数を知るためには、面積がゼロかプラスかというだけではなく、プラスがどれくらい大きいかという点に気を配る必要があります。

　波を掛け算した結果として出てくる面積の大きさは係数に比例するので、そこから係数を逆算することができます。例えば、係数が1.3のときの面積は、係数が1のときの面積の1.3倍になります。つまり、あらか

じめ係数が1のときの面積を調べておけば、実際に出てきた面積との比率から係数を求めることができるのです。具体例としては、まずsin（6°×時間）×sin（6°×時間）を計算して、1周期分の面積を求めて☆としておきます。ここで、波Wにsin（6°×時間）を掛けて面積を求めると、☆の1.3倍の値が出てきました。このことから、波Wにおけるsin（6°×時間）の係数は1.3であることが分かります。

　単純な波を掛け算するというシンプルな方法によって、複雑な波を構成要素に分解できるという話でした。単純な波は、sinやcosといった三角関数で表せるのでしたね。つまり、フーリエ変換を使うことによって、複雑な波も三角関数で表すことができるのです。例えば、**図3-12**の波の場合は、

　　図3-12の波
　　　= 1.3 sin（6°×時間）+ sin（12°×時間）
　　　+ 2.5sin（18°×時間）+ 2 sin（24°×時間）
　　　　　　　　　　　　　　　　　　　……①

というふうに三角関数を使って表すことができます。

スペクトル分解は波のレシピ

　複雑な波をフーリエ変換によって単純な波に分解し、三角関数で表すことができました。複雑な波を数式で表すことができれば、数値的なデータに落とし込

んでコンピューターでの分析を進めるなど、情報科学の叡智を存分に活用することができます。ただ、数式を見慣れていない人からすると、まだ少し分かりづらいですね。単純な波がどのような割合で足し合わさっているのかを一目で把握することができれば便利に違いありません。そのために、棒グラフを活用します。

　棒グラフと聞くと、営業職の方は本能的に緊張を覚えるかもしれません。売り上げの数字を並べただけの無味乾燥な表だとピンときにくいですが、営業担当者ごとの成績を棒グラフにしてオフィスに貼り出せば、各自のノルマ消化率が一目瞭然となります。このように、棒グラフには、全体の状況を一目で把握できるというメリットがあります。

　棒グラフを使って波の混ざり具合を表したものが、**図3-16**になります。横軸は、波を三角関数で表したときの角度 θ の回転ペースを表しています。例えば、sin (6°×時間) に対応するのは、一番左の「6°」というラベルが貼ってある棒です。そして、棒の高さは係数を表しています。具体的には先ほどの式①を見ると、sin (6°×時間) には1.3という係数がかけられていますね。そのため、棒の高さは1.3になっています。こういった形で表すと、含まれている単純な波のうち、どれが少なくてどれが多いのか一目で分かります。

　ちなみに**図3-16**ではラベルが左から6°、12°、18°、24°となっていますが、これは波の周期が長い順に左から並べた形です。単純な波は、単位円上を回

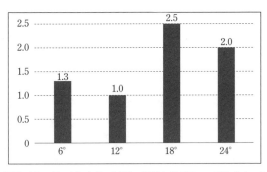

図3-16　スペクトル（式①の係数を棒グラフで表したもの）

転する点の座標の動きとみなせることを思い出して下さい。ラベルの数字は、1秒間に θ が増えるペース、つまり回転のペースを表しています。1秒間に6°回転する波よりも、1秒間に24°回転する波の方が、1回転（360°）するまでにかかる時間が短くなります。つまり、山と谷を繰り返す周期が短くなるわけです。要するにこのグラフは周期が長い順に左から並んでいるのです。あるいは周波数が低い順に並べたとも言えます。このように、複雑な波の構成要素である単純な波について周波数の分布を表したものを**スペクトル**と呼びます。スペクトル（spectrum）とは、英語で広がりや分布といったような意味を持つ言葉です。また、複雑な波を**スペクトル**として表現した上で、様々な分析を行う手法を**スペクトル分析**または**スペクトル解析**などと呼びます。

　スペクトルは、料理のレシピに似ているかもしれま

せん。複雑な波を「秘伝のタレ」だとすると、単純な波はその材料です。謎に満ちた秘伝のタレも、レシピを見てしまえば作り方は一目瞭然です。みりん：大さじ3、塩：小さじ1/2、油：大さじ1……といった具合に、レシピ通りの割合で混ぜ合わせれば秘伝のタレができあがるからです。

では、少し整理しておきます。

〈フーリエ変換〉
　単純な波を順番に掛け算していく手続き。世の中の様々な場面で見られる複雑な波形を単純な波の足し算に分解し三角関数で表すことができる。

〈スペクトル〉
　分解した結果を周波数の分布として表したもの。

〈スペクトル分析／スペクトル解析〉
　スペクトルを用いていろいろな分析を行うこと。

身近で役に立っているフーリエ変換

　ここまで、三角関数を使って回転や振動を表現する方法を見てきました。フーリエ変換は本当にいろいろな分野で応用されていて、応用例を挙げるときりがないくらいなのですが、ここでは最も身近な音楽の例を紹介したいと思います。

　音楽の再生アプリで曲を流すと、横一列に並んだ棒グラフのようなものが音楽に合わせて上下する映像が出てくることがあります。あれは「**オーディオ・スペ**

クトラム・バー」（Audio spectrum bars）と呼ばれていて、聴き手を楽しませるための視覚効果としてよく利用されるものです。spectrumという単語が入っているのでピンと来た方もいらっしゃるかもしれませんが、実は、このオーディオ・スペクトラム・バーの棒グラフの動きは、流れている音楽（音波）をスペクトル（spectrum）として表した結果なのです。

　オーディオ・スペクトラム・バーは音楽に合わせたリズミカルな視覚効果を楽しむためのものですが、音楽をスペクトルで表すメリットはそれだけではありません。実用上は、むしろ**データ圧縮**という用途の方が重要です。というのも、楽器が生み出す音は幅広い周波数の音波が混ざり合ったもので、その中には、人間の耳では聞こえにくい周波数のものも含まれています。音楽を電子データとして配信する場合、人間の耳では聞こえにくい音も含めてすべて電子データ化してしまうと、データ量が大きくなって何かと不便ですね。そこで、音波をフーリエ変換によって単純な波の足し算に分解し、その足し算から、人間が聞こえにくい周波数の波を除き、その上で電子データ化します。すると、人間に聞こえにくい音が除かれた形で音楽データができあがります。このような処理を施す前と後を比較すると、人間にとって聞こえ方はほとんど変わりませんが、データ量としては大幅に減っています。このような技術のおかげで、私たちはネットで気軽に音楽を聴いたり、何万曲もスマホに保存したりできる

のです。

　別の例として、著者が仕事上で実際に行った**景気循環の分析**を紹介したいと思います。著者は金融機関に勤めているのですが、景気動向や金融市場の状況などについて、数学を駆使して日夜分析しています。その一環として行った分析なのですが、まず、過去20年程度の期間における様々な金融商品の価格推移や経済指標などのデータを集めます。

　これらのデータは、景気循環や日々のニュースといった様々な要因の影響を受けて上がったり下がったりを繰り返すため、その動きは"複雑な波"ととらえることができます。その波形をフーリエ変換によって単純な波の足し算に分解すると、周期が数日程度の波から数年程度の波までが足し合わさっていることが分かります。これらの波のうち、周期が数日〜数ヵ月程度のものは、日々のニュースや時々の国際情勢などに対応する短期的な動きを表していると考えられます。一方、周期が数年程度の波については、経済全体が数年のスパンで好況・不況を繰り返す長期的な景気循環を表していると考えることができます。

　このような方法によって、様々な経済関連データの複雑な動きに共通項として隠されている景気循環による波を、数学的に見出すことができるのです。

　地震大国日本に住む私たちにとっては、**地震研究への利用**も重要ポイントです。地震による揺れは、様々な周期の地震波が重なり合った複雑な波とみなすこと

ができます。従って、地震における振動は、フーリエ変換によって様々な周期の地震波の足し合わせに分解できます。そうした上で、どういった周期の地震波が建物に影響を及ぼすのかについてや、免震・耐震の設計について研究を行うことができます。

　また、医療分野では、**心電図や脳波の波形**をフーリエ変換によってスペクトル（周波数の分布）として表し、その分布の変化から病気の兆候や患者の容体、心理状態の変化などを把握する研究がなされています。紙面も限られているので応用例の話はこれくらいにしますが、現代文明はフーリエ変換なしでは成り立たないと言えるほどに幅広い分野に応用されています。

三角形からここまでできる

　本章の冒頭で、幾何学の基本は三角形だという話をしました。三角形についてとことん考え抜くことで、日本地図を作ったり、遠くの天体までの距離を測ったり、音楽のデータ圧縮や地震の研究にまで役立てることができているのです。本章を読むまではスマホで聴く音楽と三角形がつながっているなんて思いもしなかった方もいらっしゃるでしょう。これからは、音楽を聴くたびに単位円が頭に思い浮かび、その中の三角形が波を描いていく様子がありありと想像できるかもしれません。そうなれば幾何学のインストール完了です。

　さて、次の章は3人目の四天王、微積分学について

です。微積分学については、高校時代に学んで躓いた方も多いのではないかと思います。筆者が高校生のとき、微積分学についての第1回目の授業で、クラスメートの男子生徒が「先生、分かりません」と質問しました。教師が「どこが分からないんだ」と聞くと、その生徒は「そもそもの意味が分かりません」と答えて、教室がシーンとなったのを今でも覚えています。それくらい苦手に思っている方も多いでしょう。実は、微積分学の理解においても、図形的なイメージが大切になってきます。そこで、第4章では微積分学がどういう考え方で問題を解決していくのか、グラフを使ってビジュアル的な意味合いを理解しながら説明していきたいと思います。

第 4 章

微積分学

動きや変化を
単純化してとらえる数学

第4章では、微積分学の思考法をマスターしていきたいと思います。第1章で紹介したように、微積分学は、複雑な動きや変化を単純化してとらえるための方法論です。微分は「小さく分けて計算すること」、積分は「小さく分けて計算した結果を足し合わせて元に戻すこと」でした。ここでは、そういった発想をどうやって具体化していくのかを見ていきます。

　微積分学はそれそのものが計算方法・計算技術でもあるので、どうしても計算の説明が多くなってしまいがちにはなります。しかし、大切なのは細かい計算ではなく考え方を知ることです。やむを得ず数式を使って説明している箇所もありますが、その場合も図やグラフを使って視覚的なイメージと結びつけた説明を心掛けています。数式の背後にある視覚的なイメージや、「単純化してとらえる」という微積分学の基本思想を意識しながら読み進めていただければと思います。

　微積分学を理解する上で大切なのは、グラフと結びつけて考えることです。というのも、グラフで視覚的に理解した方が、何をやっているかのイメージがつかみやすくなるからです。そこで、微積分学の考え方や計算手順をグラフによって視覚化し、理解を深めていきたいと思います。

4-1 微積分学は何をするためのもの？

微小に刻んで単純化、積み上げて元に戻す

　まずは微積分学がどういうアプローチで課題に取り組んでいく学問なのか、第1章の内容をおさらいしたいと思います。第1章では車速が変化していく場合に走行距離をどう求めるかという問題を考えました。記憶を思い起こすためにそのときの表を再掲します。

　移動距離を求めたいときには、小学校で学ぶ「速さ×時間＝距離」の公式（は・じ・きの公式）を使うことができます。ただし、この公式は速さが刻々と変化している場合には使えません。車速が変化していくような複雑なケースを扱うためには、工夫が必要というこ

経過時間	その瞬間の速度メーターの表示	時間間隔	走行距離（「速さ×時間＝距離」で計算）
0.0秒	50.1km/h	0.1秒	1.39m
0.1秒	50.5km/h	0.1秒	1.40m
0.2秒	50.7km/h	0.1秒	1.41m
……	……	……	……
1時間59分59.8秒	55.8km/h	0.1秒	1.55m
1時間59分59.9秒	55.4km/h	0.1秒	1.54m

表4-1　0.1秒ずつに区切って走行距離を調べる（第1章より再掲）

とです。そこで微積分学では、「まずは単純なパーツまで細かく切り刻んで考えよう」と発想します。そのために、非常に短い時間経過だけを考えることにします。自動車の速さは刻々と変わりますが、非常に短い時間、例えば0.1秒を切り出して考えると、速さは一定とみなしても差し支えないでしょう。そのため、「速さ×時間＝距離」の公式が使えます。このように、非常に短い時間や小さな変化だけを考えることによって状況を単純化し、思考を進めていくのが微分の考え方です。

　一方、積分は、微分の思考法によって切り刻んだ上で計算した結果を、足し上げて元に戻すための方法論です。自動車の例でいうとトータル2時間の走行時間を0.1秒間隔に区切って「は・じ・きの公式」を当てはめるというのが微分の発想ですが、それだけでは0.1秒間ごとの移動距離が分かるだけで肝心のトータルとしての移動距離は分かりません。そこで、0.1秒間の移動距離を2時間分すべて足し合わせることによって結局どれだけ移動したのかを求めるのが積分です。

4-2　微分・積分の視覚的なイメージ

積分は「グラフの面積を求める」こと

　時間を細かく切り刻むことで「速さ×時間＝距離」の公式が使えるようになるという話でしたが、状況を

ビジュアル化してみると、何が起きているのか、より明確になります。**図4-2**は**表4-1**をグラフにしたもので、横軸は経過時間、縦軸は車速を表しています。

走行時間はトータルで2時間ですが、第1章ではそれを0.1秒ずつに区切って、「0.1秒という短期間なら速度は一定とみなせる」という仮定のもとに「は・じ・きの公式」を使いました。「は・じ・きの公式」が**図4-2**のどこに出てきているかというと、細長い短

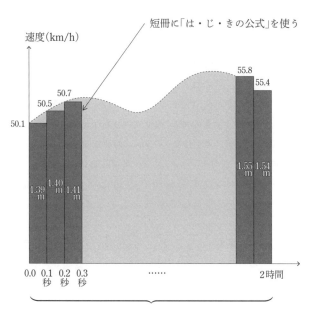

短冊の面積の合計 = 移動距離

図4-2　積分は面積を求めること

冊（長方形）のところです。この短冊は0.1秒刻みで並んでいて、縦方向の長さは、その瞬間における車速に対応しています。

　このグラフは縦軸が速さ、横軸が時間になっているので、移動距離は「縦（速さ）×横（時間）」で計算できます。つまり短冊の面積が、0.1秒間に車が移動した距離を表しています。そして、短冊の面積をすべて足したものがトータルの移動距離を表しています。もちろん、短い時間なら速度一定とみなせるというのはあくまで近似の話なので、実際には速度に微妙な変化はあります。そのため、グラフの面積を短冊で過不足なく埋め尽くせるわけではなく、場所によって少し足りなかったり、逆にはみ出したりしてしまいます。しかし、短冊の横幅を十分に短くすれば過不足は無視できるほど小さくなるので、短冊の面積の総和はグラフそのものの面積（すなわちトータルの移動距離）とみなせるようになります。要するに、時間を細かく刻んで「は・じ・きの公式」を使う方法は、グラフを短冊（長方形）で埋め尽くして面積を求めることと同じだったのです。

　例えば、**表4-1**によると、計測開始から0.2秒後の速度メーターの表示は50.7km/hでした。そこから0.1秒間は速度が一定とみなすので、0.2秒〜0.3秒の区間にある短冊の長さ（車速）は50.7となります。この区間における走行距離は**表4-1**から1.41mですが、これは短冊の面積に相当します。つまり、短冊の幅が0.1

秒、長さが50.7km/h（＝14.1m/s　小数第2位で四捨五入）なので、その面積は1.41m（＝0.1秒×14.1m/s）となり、これが0.2〜0.3秒の区間における移動距離になります。

　第1章では、「微分の考え方に従って切り刻んだものを、足し合わせて元に戻すのが積分」だと話しました。これは視覚的に言えばグラフの面積を求めていることになるわけです。つまり、

　　積分＝グラフの面積を求める計算

ということになります。

　せっかくなので、ビジネス系の例題にも触れておきましょう。といっても、この例題に取り組むうえで、積分の具体的な計算方法や公式などを知っている必要はありません。積分はグラフの面積を求める計算であるという点だけ把握していれば大丈夫です。

【例題】　スリリングなジェットコースターを設計しよう

　あなたは、ジェットコースターの設計者です。設計を任されたジェットコースターの売りは、序盤のスリリングな急降下です。コースターは、チェーンリフトでゆっくりと最高地点まで持ち上げられたところで一旦停止し、そこから、急角度がつけられた直線状のレールを下っていきます。コースターの速度は経過時間に比例して増していき、下り始めて10秒後に一番下に到達する際には秒速100m（時速360km）に達してい

ます。さて、この序盤の直線部分については、レール
をどれくらいの長さにすればよいでしょうか？

　状況を整理するために、グラフを描いてみましょ
う。コースターは、最高地点に到達した時点で「一旦
停止」するため、そのときのコースターの速度はゼロ
です。そこから経過時間に比例して速度が増加し、一
番下の地点では秒速100mになっているということな
ので、グラフで**図4-3**のように表すことができます。
　さて、このグラフから、レールの長さを求めるには
どうすれば良いでしょうか？　レールの長さは、急降
下の10秒間におけるジェットコースターの移動距離
と同じでなければなりません。ということは、この
10秒間におけるジェットコースターの移動距離を計
算すればよいことになります。こちらのグラフは、横
軸が経過時間、縦軸がコースターの速さ（秒速）を表

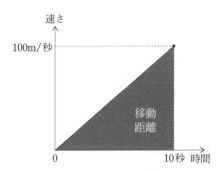

図4-3　ジェットコースターの速さのグラフ

しています。つまり、先ほどの自動車の例と同じで、グラフの面積がコースターの移動距離になります。面積を求めたい部分は三角形になっているので、三角形の面積の公式「底辺×高さ÷2」に当てはめてみましょう。底辺＝10（秒）、高さ＝100（m/秒）となるので、レールの長さは次のように計算できます。

$$\text{レールの長さ} = \text{コースターの移動距離}$$
$$= 10秒 \times 100m/秒 \div 2 = 500m$$

答え：レールの長さは500m

　この例題では、コースターの速度が時間に比例して大きくなるというシンプルな前提だったため、三角形の面積の公式を使うことができました。小学校で習う三角形の面積公式を使うだけなので、積分の計算をしている感じがしないかもしれませんね。しかし、グラフの面積を求めているわけですから、これも立派な積分です。より正確な言い方をすると、三角形の面積の公式は、正式には積分の考え方に基づいて導出されています。小学校では、結果として出てくる公式だけを学びますが、その背後には積分があるわけです。もちろん、コースターの速度がもっと複雑に変化する場合は、自動車の例題と同じように短冊で埋め尽くす方法を使う必要があります。

微分は「グラフの傾きを求める」こと

　微分についても、グラフを使って視覚的に理解していきましょう。第1章では、小さな変化を考えることが微分だと話しましたが、こちらもグラフを使って考えれば、その意図するところが理解しやすくなります。**表4-1**の自動車の例において、移動距離を求めるという課題を解決するキーとなったのは、非常に短い時間だけに着目するという考え方でした。これがグラフでどう表されるのかを見ていきたいと思います。

　順を追って話を進めるために、まずは最も簡単な、速さがそもそも一定の場合を考えます。自動車にAIか何かが搭載されていて、速度を常に一定に保ちながら進んでいくような状況です。このときの走行時間と走行距離の関係を、**図4-4**に示しました。このグラフ

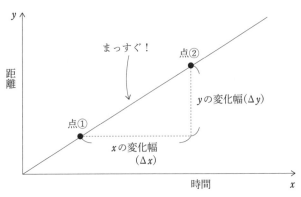

図4-4　速さが一定の場合の移動距離のグラフ

は、横軸が移動時間、縦軸が移動距離を表しています。図4-2のグラフは縦軸が速度でしたが、このグラフは距離なので注意して下さい。その方が説明しやすいので、あえてそうしています。速さがそもそも一定の場合は、走行時間に比例して移動距離が伸びていくので、グラフは直線状になります。

このグラフと「は・じ・きの公式」の関係を考えてみましょう。は・じ・きの公式は「速さ×時間＝距離」と表されます。時間はグラフの横軸、距離は縦軸として表されていますが、速さはどこに現れているでしょうか？　結論から言うと、グラフの傾きが速さを表しています。なぜそう言えるのか、「は・じ・きの公式」を使って考えてみましょう。「速さ×時間＝距離」の公式を変形すると、「速さ＝距離÷時間」になります。ここで、グラフ上で車の移動距離は y 軸方向の変化の幅、移動時間は x 軸方向の変化の幅として表されるので、「速さ＝ y の変化幅÷ x の変化幅」とも書くことができるわけですが、これはすなわちグラフの傾きを表しています。つまり、グラフの傾きが速さを表しているのです。

より数学らしく、変数を使って表現してみましょう。変化幅を表したいとき、数学では Δ（デルタ）という記号を使うのが慣例になっています。例えば、Δ x（デルタエックス）と書くと x の変化幅を、Δ y（デルタワイ）と書くと y の変化幅を表す変数となるわけです。この便利な記号を使って、自動車が図4-4のグラフ上

の点①から点②へ到達するまでの移動時間を Δx、移動距離を Δy としましょう。ここで、移動距離は Δy、移動時間は Δx と名付けているので、それをそのまま「速さ＝距離÷時間」に当てはめてみます。すると、次のように表すことができます。

$$速さ = \frac{\Delta y}{\Delta x}$$

これで、速さを数式で表すことができました。

では次に、速さが一定でない場合を考えましょう。自動車を常に一定速度で走らせること自体が難しいので、こちらの方がより一般的な状況設定だと言えます。図4-5では、速度が一定でない場合の移動距離のグラフを示しています。速度が一定でない場合、先ほどと違ってグラフは曲線になります。ここでは仮に、次第に速度を落としていく状況を想定したグラフの形状にしていますが、これからの議論はグラフの形状によらず成り立ちます。

グラフが曲がっているので、先ほどのやり方をそのまま使うことはできません。というのも、「yの変化幅÷xの変化幅」で傾きを求めることができるのは、グラフが直線のときだけだからです。グラフが曲線のときはxの値によって傾きが変わっていくので、このやり方をそのまま当てはめることはできません。

ここで自動車の例題のときに、どう考えたかを思い

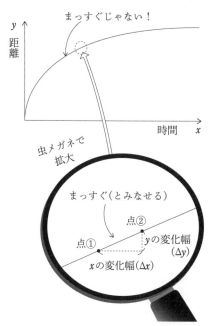

図4-5　速度が変化する場合の移動距離のグラフ

出して下さい。非常に短い時間を考えれば速度一定と
みなせるのでしたね。それを**図4-5**のグラフで実践す
るならば、Δxを非常に小さくすることに対応しま
す。なぜならば、xはここでは時間を表しているので、時間の変化幅であるΔxを非常に小さくすること
が、非常に短い時間を考えることに対応するからで
す。自動車の例題では、走行時間を0.1秒間ごとに区
切りました。この場合、走行時間xについて、微小な

変化「$\Delta x = 0.1$秒間」を考えたことになります。ただ、Δxがいつも0.1秒間を表すというわけではなく、0.01秒間や0.0025秒間などをΔxと表してもかまいません。とにかく、ある変数の差分を表したいときは、慣習として前にΔを付けて表します。

　非常に小さなΔxを考えるということは、グラフを虫メガネで拡大することに似ています。つまり、グラフの全体像ではなく、あえて一部分のみを拡大して考えるのです。すると、全体としては曲線のグラフでも、一部を拡大するとほぼ直線に見えます。実は、これと似たようなことを私たちも日常で経験しています。私たちは地球という球体の上に住んでいますが、普段は水平な大地の上で暮らしていると感じているでしょう。それは、私たちに比べて地球があまりに大きいので、球面上に住んでいることに気付かないからです。だからこそ人類は、長いあいだ世界は平らだと思い込んでいました。

　それと同じように、全体としては曲線のグラフでも、その一部を虫メガネで拡大して見れば直線に見えるわけです。あるいは、自分が極小サイズの小人になって、曲線の上に降り立ったと考えてもいいでしょう。地球に住む私たちが球面を平面と思い違いをしていたように、あなたは曲線のことを直線と思い込むに違いありません。

　グラフが直線とみなせるのであれば、状況は先ほどの速度一定の場合と全く同じです。つまり、「速さ =

$\dfrac{\Delta y}{\Delta x}$」という式で速さを求めることができます。自動車の例題は、「速さが変化する場合でも、非常に短い時間を考えれば速さ一定とみなして差し支えない」という考え方をしたわけですが、それをグラフの言葉に読み替えると、「曲線のグラフでも、非常に小さな Δx を考えればまっすぐなグラフとみなして差し支えない」となるわけです。それぞれの言葉は、以下のように対応しています。

① 速さが変化する場合 でも、
② 非常に短い時間 を考えれば
③ 速さ一定 とみなして差し支えない

① 曲線のグラフ でも、
② 非常に小さな Δx を考えれば
③ まっすぐなグラフ とみなして差し支えない

これで、微分の発想をグラフの言葉に置き換えることができたわけですが、まだ十分とは言えません。というのも、私たちが知りたいのは虫メガネで見たグラフの一部ではなく、グラフ全体のことだからです。ここで求めた $\dfrac{\Delta y}{\Delta x}$ という値（ただし Δx は非常に小さい）が、元の曲線にとってどういう意味を持つのかをはっきりさせる必要があります。

そこで、**図4-6**のようにグラフ全体を視野に入れた
まま、点①と点②を考えてみましょう。先ほどと同様
に点①と点②のx座標の差をΔx、y座標の差をΔyと
名付けます。すると$\dfrac{\Delta y}{\Delta x}$は点①と点②を結ぶ直線の傾
きを表していることになります。点①と点②が離れて
いるとき（つまりΔxが大きいとき）は、直線は曲線と2ヵ
所（点①と点②）で交わっています。ここで、点②を点
①に近づけていくことを考えます。点①と点②のx座
標の差をΔxと名付けているわけですから、点②を点

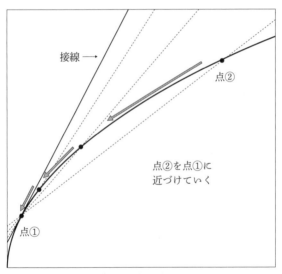

**図4-6　曲線上の2点を結ぶ直線は2点を限りなく近づけると
接線になる**

①に近づけていくことは、Δxを小さくしていくことに相当します。すると、点①と点②を結ぶ直線の傾きも変わっていきます。そして、点①と点②が極限まで近づいたとき、すなわちΔxが非常に小さくなったときの直線（図4-6中の直線）は、曲線とは交わらず、曲線に接していることが分かります。このように、曲線と交わらず、単に接しているだけの直線のことを**接線**と呼びます。また、接線が曲線と接している点のことを**接点**と呼びます。つまり、小さなΔxを考えるということは、接線を求めていることを意味します。

　先ほど、曲線は虫メガネで拡大して見れば直線と区別がつかないという話をしましたが、より具体的に言えば、その直線とは接線のことだったのです。実際、接点の周辺を虫メガネで拡大して見ると、曲線は接線とほぼ重なって見えます。なぜならば、接点における曲線の傾きは接線の傾きに等しいからです。つまり**微分とは、接線の傾きを求める計算**だったのです。今回の例で取り上げた距離のグラフ（すなわち縦軸が移動距離、横軸が移動時間のグラフ）においては、接線の傾きはその時点における速さを表しています。

　曲線と接線の関係を示す具体例として、2次関数$y = x^2$のグラフを見てみましょう。第2章で説明したように、2次関数のグラフはお椀型をしています。しかし、一部分を拡大した画像は、**図4-7**のように接線とほぼ重なって見えますね。このように、曲線は、非常に狭い範囲においては接線で近似できるのです。曲線

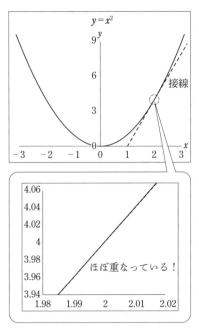

図4-7　$y = x^2$ のグラフと $(x, y) = (2, 4)$ を接点とする接線

よりも直線の方が単純で扱いやすいので、この考え方
は非常に便利です。というのも、曲線そのものを考え
るのではなく、接線（という名の直線）で代用して計算
を進めていくことができるからです。つまり、微分の
「複雑な物事を単純化して考える」という方法論は、
グラフの言葉を使って「曲線を接線で近似する」と言
い換えることができます。

4-3 微積分の計算法をさわりだけ

積分の計算をやってみる

　微積分の基本的な考え方が分かったところで、実際にどうやって計算していくのかを具体例で見ていきましょう。

　まずは積分からです（微分も後で説明します）。最初にどんな関数を積分するのかを決めなければなりませんが、積分される関数のことを**被積分関数**と呼びます。「被」という漢字は受け身を表していて扶養される人のことを被扶養者と言ったりしますね。それと同じ用法で積分される関数のことを被積分関数と呼ぶわけです。

　どんな関数を積分したいかは状況によって違うので、ここでは一般的な表現として「$y=f(x)$」と書きましょう。$f(x)$ は、「x の関数（function）」を表す記号です。例えば、1次関数 $y=x$ の場合、$f(x)=x$ と置けば表すことができます。あるいは、2次関数 $y=x^2+x+1$ の場合は、$f(x)=x^2+x+1$ となります。つまり、右辺が状況によって変わってくるために、一般的に $f(x)$ と書いておくわけです。このような書き方をしておけば、今からの話がいろいろな状況に当てはまる一般的な議論なのだということが分かります。

　関数 $y=f(x)$ を積分するとき、数学では「$\int$」（インテグラル）という記号を使って次のように表します。

　$\int$ は、積分記号とも呼ばれます。

〈積分をふくむ数式の書き方〉

$$\int f(x)\,dx \qquad \Leftarrow \text{ 意味：関数} f(x) \text{を積分する}$$

被積分関数

　微積分にはこういった特有の記号が出てきますが、意味が分かればなんてことはないのでご安心下さい。この式は、$f(x)$ が $\int$ と dx で挟まれた形をしています。つまり、「$\int \square\, dx$」のような形です。こう書くと「□を積分する」という意味になります。なぜこのように書くかは、先ほどの短冊を考えるとイメージしやすくなります。

　まず、前提となる記号の説明をしたいと思います。dx は、「極限まで小さくした Δx」を表す記号です。Δx（デルタエックス）の幅の短冊があるとすると、dx はそれを極限まで細くしたものという意味です。

　短冊で埋め尽くして面積を求める方法は、短冊を細くするほど正確になっていくのでした。先ほど説明したように、自動車の例でいえば、時間間隔とは Δx のことです。そして、短冊を細くしていくことは、Δx を小さくしていくことに対応します。理想的な状況として、Δx を極限まで小さくすれば（短冊を極限まで細くすれば）、短冊の面積の総和がグラフの面積を表していると考えていいはずです。こういった考察を明確に表すため、数学では、極限まで小さくした Δx のことを

特別に「dx」と書きます。dは、英単語の「differential（差分）」の頭文字です。

dx：「極限まで小さくした Δx」の意

　ここまで来ると、積分記号の理解まであと一歩です。**図4-8**に、積分記号が何を意味しているかのイメージ図を載せました。$\int f(x)dx$ の「$f(x)dx$」という部分は掛け算を表していて、より丁寧に書くと「$f(x) \times dx$」となります。実はこの部分は、短冊の面積を表しているのです。具体的には、縦の長さ $f(x)$、横の長さ dx の短冊です。だから「$f(x)$（縦の長さ）$\times dx$（横の長

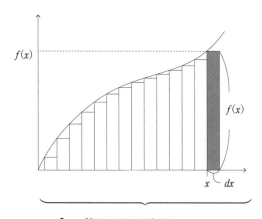

$\int$ 　読み：インテグラル
　　意味：（短冊の面積を）足し合わせる

図4-8　積分のイメージ

さ）」で面積を求めることができます。

　次に、一番前に付いている「∫」ですが、これは「足し合わせる」という意味の記号で「インテグラル（integral）」と読みます。もともとは、ラテン語の「summa（総和）」の頭文字sを引き延ばしたものだと言われています。つまり「$\int f(x)dx$」と書くと、「幅dxで長さ$f(x)$の短冊の面積を足し合わせなさい」という意味になります。すなわち、ある関数を∫とdxで挟むと、「その関数（のグラフ）を短冊で埋め尽くして面積を求めよ」という意味になるのです。

　ちなみに、integralは「完全な」または「全体の」といった意味を持つ英単語ですが、微分の考え方に従って切り刻んだものを、足し合わせて元の完全な状態に戻すといった意味合いが込められています。

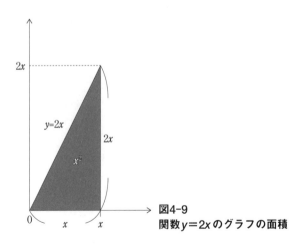

図4-9
関数y＝2xのグラフの面積

具体例として、$y = 2x$の場合（つまり$f(x) = 2x$の場合）を考えてみましょう。「$\int f(x)dx$」の$f(x)$の部分に$2x$を入れると「$\int 2xdx$」となりますが、これは「関数$y = 2x$のグラフの面積を求めよ」という意味になります。

　さて、実際に積分計算の結果がどうなるかを見ていきましょう。図4-9の通り、求めたい面積は図のグレー部分で、三角形になっています。そのため、三角形の面積の公式「底辺×高さ÷2」を使えば計算できます。この場合、底辺＝x、高さ＝$2x$なので、面積は、

$$x \times 2x \div 2 = x^2$$

となります。三角形の面積の公式を使えば求められるのに、わざわざ「$\int 2xdx$」と書くのは違和感があるかもしれませんが、今回は単純な例だったため、たまたま面積の公式が使えたわけです。通常はもっと複雑で、公式が使えないケースがほとんどです。一方、短冊で埋め尽くす方法はいろいろな形のグラフに当てはめることができるので、汎用性が圧倒的に高いのです。ですから、面積を求めたい部分が三角形や四角形など分かりやすい形をしている場合でも、一般的にどんな場合にでも当てはまる書き方を採用して「$\int f(x)dx$」とします。

積分区間

　ここまでの話をまとめると、$y = 2x$のグラフの面積

はx^2という関数で表すことができそうですね。ただし、話はこれで終わりではありません。どの区間の面積を求めたいのかという点をまだ明確にしていないからです。**図4-9**では、説明を分かりやすくするために横軸が0〜xの区間の面積をグレーで表していますが、誰もがこの区間の面積を求めたいというわけではないでしょう。状況によっては、$x=1$から$x=10$までの区間の面積を求めたい場合もあれば、$x=2.5$から$x=5$までの面積を求めたい場合もあると思います。もちろん、その他の区間の面積を求めたい場合もあり得ます。このように、面積を求めたい区間、すなわち積分を行いたい区間のことを**積分区間**（せきぶんくかん）と呼びます。

　積分区間はその時々によって変わってきます。そのため積分計算においては、ひとたび積分区間を決めたときに、その区間の面積をどう求めるのかの手順をはっきりさせる必要があります。そこで、積分区間を決めたあとにどうやって面積を求めたら良いのかを見ていきましょう。

　たとえば、$y=2x$のグラフの面積を、$x=5$から$x=8$までの区間で求めたいとします。この積分区間の面積は、横軸が0〜8の区間における面積から、横軸が0〜5の区間における面積を引けば求めることができるはずです。**図4-9**にあるように横軸が0〜xの区間における面積はx^2となるので、横軸が0〜8の区間の面積は64になります（$8^2=64$）。また横軸が0〜5の区間の面積は25になります（$5^2=25$）。つまり、$x=5$から$x=8$までの

区間の面積は64から25を引いて39になります。

　計算としてはこれで終わりなのですが、数式の書き方に決まったルールがあるので、ここで触れておきたいと思います。まず、積分区間を明示するために、∫（インテグラル）の右下に積分区間のスタート地点を、右上に終わりの地点を記載します。つまり、積分区間のスタート地点を$x=a$、終わりの地点を$x=b$とすると、$\int_a^b$のように書くということですね。

　また、微積分学では、積分の結果として出てきた関数を**原始関数**と呼び、大文字のFを使って$F(x)$と表すのが慣習となっています。なぜ原始関数という名前が付いているのかを理解するにはまだ準備が十分ではないので、少し後で説明したいと思います。

　今回の場合（つまり$f(x)=2x$の場合）の原始関数は$F(x)=x^2$となります。ですから先ほどは$F(8)=8^2=64$、$F(5)=5^2=25$であることから$F(8)-F(5)=39$として面積を求めたことになります。ただし、毎回こういうことを書いていると大変なので、微積分学では、数式をより簡潔に表記するために、"$F(x)$に$x=a$と$x=b$を代入して引き算せよ"という意味合いを持つ記号$[F(x)]_a^b$を使うことになっています。すなわち、$[F(x)]_a^b=F(b)-F(a)$と定義されます。一見すると難しい感じがしますが、要はこういうふうな記号を使いますよというただの約束です。この記号を使うと、次のようにシンプルな形で計算を表現することができます。

〈$x=5$から$x=8$までの面積〉

$$\int_5^8 2x dx = [x^2]_5^8 = 8^2 - 5^2 = 64 - 25 = 39$$

　ここまで長く説明してきましたが、このように数式
としては1行で完結するわけです。

原始関数が意味しているもの

　ここで、「原始関数」という概念は何を意味するの
かを掘り下げてみましょう。面積を求めるときは、原
始関数$F(x)$に積分区間のスタート地点のxの値と、終
わりの地点のxの値を代入して引き算すれば良いので
した。これは、**図4-11**のように$F(x)$をグラフにして
みると状況がよく分かります。積分区間の右端である
$x=8$を原始関数に入力した$F(8)$と、積分区間の左端
である$x=5$を原始関数に入力した$F(5)$の差が、求め
たい面積となるのでした。つまり求めたい面積は、**図
4-11**にあるように縦軸方向の変化幅として表される
のです。このように、原始関数は、被積分関数のグラ
フの面積を縦軸の変化幅として表してくれる大変便利
なものです。

〈原始関数とは〉
　被積分関数のグラフの面積を、縦軸の変化幅として
　表す関数のこと

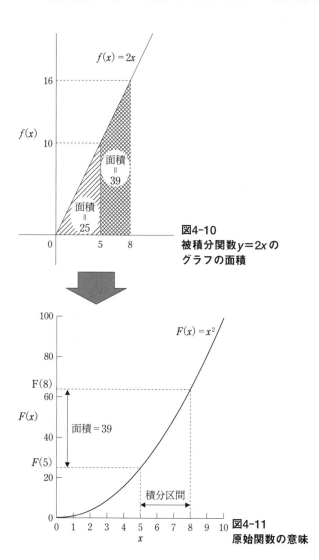

図4-10
被積分関数 $y = 2x$ の
グラフの面積

図4-11
原始関数の意味

これで、原始関数の意味するところが明らかとなりました。積分区間をいろいろと変えたい場合も、積分区間の両端のxの値を原始関数に代入するだけで面積を求めることができます。積分は面積を求める計算だと説明しましたが、より掘り下げてみると、**積分は図4-10のようなグラフの面積を出すのに使う原始関数を求めるための計算**だったということです。

　$F(x) = x^2$が$y = 2x$の原始関数であることが分かりましたが、実は、$y = 2x$の原始関数はこれだけではありません。どういうことかを**図4-12**に示しました。ここでは、$F(x) = x^2$を縦方向にC（Cは何らかの数字だと思って下さい）だけスライドさせた関数、つまり$F(x) = x^2 + C$が描かれています。例えば、$C = 3$とすれば$F(x) = x^2 + 3$、$C = -7.5$とすれば$F(x) = x^2 - 7.5$を表しています。これら、$F(x) = x^2$を縦方向にスライドさせた関数をすべてひっくるめて$F(x) = x^2 + C$と書いているわけです。**図4-12**が示しているように、$F(x) = x^2$を縦方向にスライドさせた関数も、$F(x) = x^2$と同様に$y = 2x$のグラフの面積を縦軸の変化幅として表すことができるので、$y = 2x$の原始関数になります。実際、例えば$F(x) = x^2 + 3$を使って$x = 5$から$x = 8$までの面積を求めるとすると、$F(8) - F(5) = (8^2 + 3) - (5^2 + 3) = 8^2 - 5^2 = 39$となって$F(x) = x^2$と同様に正しい面積を求めることができます。なぜならば、Cの部分は引き算で消えてしまうため、面積の値に影響を及ぼさないからです。つまり、原始関数は1つではなく、ある原始関数

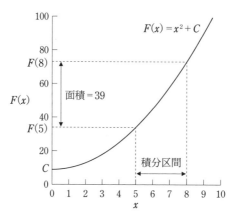

**図4-12　原始関数を縦方向にスライドした
ものも原始関数になる**

を縦方向にスライドしただけのものはすべて原始関数
だとしているのです。

　このへんは、数学らしい厳密な書き方なので、まど
ろっこしいと感じる方もいらっしゃるかもしれませ
ん。ビジネスの世界では、実用に耐えうるソリューシ
ョン（解）が1つ見つかればそれで十分とする場合が多
いので、$F(x) = x^2$だけでいいじゃないかという意見も
聞こえてきそうです。しかし数学は厳密さを重視する
ので、定義に当てはまるものすべてを指し示すために
$F(x) = x^2 + C$と書くわけです。これも数学らしさだと
割り切って、「数学者は真面目だな～」くらいの気持
ちで軽く聞き流していただければと思います。

積分計算の手順

　先ほどは、原始関数に積分区間の左端と右端を代入することで面積を求めましたが、それより前の段階として、原始関数を求めるという手順があったわけです。つまり、面積を求める計算は2段階に分かれていて、1段階目として原始関数を求め、2段階目でその原始関数を使って面積を求めるということになります。1段階目では、まだ積分区間をはっきりさせる必要はありません。そのため、積分区間が不定（定まっていない）な状態で原始関数を求める計算ということから**不定積分**（ふ ていせきぶん）と呼びます。2段階目として、積分区間をはっきり定めた上で原始関数を使って面積を求めるわけですが、この計算は積分区間が定まってから行うため**定積分**（ていせきぶん）と呼びます。

〈積分計算の手順〉
　1段階目：**不定積分**　原始関数を求める
　2段階目：**定積分**　　原始関数を使って
　　　　　　　　　　　　グラフの面積を求める

　先ほど、$x = 5 \sim 8$の範囲における$y = 2x$のグラフの面積を求めましたが、あれは定積分の計算をやっていたことになります。つまり、1段階目をすっ飛ばして2段階目の計算を先に体験したということです。1段階目である不定積分の結果を数式として表す場合、積分区間がまだ決まっていないので、左辺の∫（インテ

グラル）に積分区間を示す数字は添えません。積分区間を示す数字を添えずに $\int f(x)dx$ のように書くと、「被積分関数 $f(x)$ の原始関数をすべて求めよ」という意味になるので、イコールで結ばれた右辺には原始関数を書きます。先ほど説明したように、縦方向へスライドしただけのものはすべて原始関数と言えるので、そのことを示すため C を足しておきます（$C=0$ のときが $F(x)=x^2$ に相当します）。

〈不定積分の結果〉

$$\int 2xdx = x^2 + C$$

この C のことを、**積分定数**（せきぶんていすう）と呼びます。定数とは、何かしらの定まった数字を文字で表したもののことを言います。スライド幅を決めてしまえば C は定まった値になるので、x などの変数とは区別して定数と呼ぶわけです。

高校時代に積分を勉強された方は、この公式を教科書などで見たことがあると思います。もしかすると、$\int xdx = \dfrac{1}{2}x^2 + C$ の公式を見たかもしれませんが同じ意味です。

高校の教科書や塾の参考書には、こちらの式も含めて、いろいろな関数を積分した結果が公式として掲載されています。それらの公式も考え方は全く同じで、左辺は被積分関数（を $\int$ と dx で挟んだもの）、右辺はその原始関数を表しています。これらの積分公式は、歴代

の数学者が時間をかけていろいろな関数の積分計算（1段階目）を行い、公式という形で整理してきたものです。教科書や参考書に載っている公式集は、そういった人類の英知の結晶なのです。

　以上が、積分計算の基本的な考え方です。しかし、ここまで説明してきていまさらではありますが、積分を世の中に応用していく上では、積分結果が関数で表せないような現象を扱う機会が非常に多くなります。実は、既に出てきた自動車の移動距離を求める問題が、そういった応用例の一つです。そもそも、車速は信号の状況や運転手の気分など偶然の要因に左右されるので、積分結果（＝移動距離）を関数として表すことは不可能です。そのような場合でも、「短冊に切って面積を求める」という基本発想が汎用的に使えるのは今まで見てきた通りです。

　積分結果が関数として表せる場合（高校教科書の積分公式など）も、自動車の例のように関数で表せない場合も、どちらも立派な「積分」です。ただし、両者を区別したいときは、後者を別の名前で呼ぶこともあります。具体的には、積分結果が関数として表せない場合の積分計算を**数値積分**と呼びます。積分結果を関数としてではなく数値として求めるというような意味合いです。実務への応用例では、積分公式を当てはめられるケースはむしろ稀であるため、数値積分の方が多く見られます。本章で扱った自動車の移動距離を求める問題も、第1章で出てきた飛行機周辺の空気の流れ

を計算する問題も、どちらも数値積分です。

　数値積分の事例の方が多いとなると学生時代に積分公式の暗記で苦労した経験のある方は「あれは何だったのだ……」と思われるかもしれませんが、理工学や金融工学の研究者にとっては、公式を駆使した積分計算は当たり前のスキルになるので今の職業で役立っているという方も少なからずいらっしゃるでしょう。

微分の計算をやってみる

　さて次は、微分の計算を実際にやってみましょう。具体例として、2次関数$y = x^2$の微分をしてみます。先ほど説明したように、微分の計算は$\frac{\Delta y}{\Delta x}$を求めることを意味するのでした。復習ですが、$\Delta x$は$x$の変化幅を意味します（$\Delta$はデルタと読みます）。そして、$x$が$\Delta x$だけ増加したときの$y$の増加幅を$\Delta y$と表します。ここでは、具体的に$\frac{\Delta y}{\Delta x}$を計算してみましょう。$y = x^2$なので、$\Delta y$は$(x + \Delta x)^2$と$x^2$の差になります。つまり、$\Delta y = (x + \Delta x)^2 - x^2$なので、$\frac{\Delta y}{\Delta x}$は次のように書くことができます。

$$\frac{\Delta y}{\Delta x} = \frac{(x + \Delta x)^2 - x^2}{\Delta x}$$

　分子がやや複雑ですが、少し計算すると簡単な式になります。計算を進めましょう。

$$\frac{\Delta y}{\Delta x} = \frac{x^2 + 2x \cdot \Delta x + (\Delta x)^2 - x^2}{\Delta x} \quad \begin{array}{l} \leftarrow (x + \Delta x)^2 \\ \text{を展開した} \end{array}$$

$$= \frac{2x \cdot \Delta x + (\Delta x)^2}{\Delta x} \qquad \leftarrow x^2 が引き算で消えた$$

$$= 2x + \Delta x \qquad\qquad \leftarrow \Delta x の割り算を実行$$

　ここまでくれば、ほとんど計算は完了です。仕上げとして、変化幅Δxを小さくしていきましょう。虫メガネで覗くわけです。積分のときに説明したように、Δxを極限まで小さくしたものをdxと書くのでした。同様に、Δyを極限まで小さくしたものをdyと書きます。Δxをゼロに近づけていくと、やがて$2x$と比べて無視できるほど小さくなります。例えば、$x = 1, 2 ,3,$……のときの$2x$の値は$2, 4, 6,$……ですが、Δxが非常に小さな値、例えば$\Delta x = 0.000001$だとすれば、$2, 4, 6,$……といった数字に比べて0.000001は無視してかまわないほど小さいですね。だから、無視してしまおうということです。結果として、

$$\frac{dy}{dx} = 2x$$

となります。ΔxとΔyを極限まで小さくしたことを示すために、文字をdxとdyに置き換えています。これで微分の計算はおしまいです。x^2の微分は$2x$であることが求められました。このように微分の結果を表す関数（この場合は$2x$）のことを**導関数**と呼びます。微分

によって導き出された関数というような意味合いです。

$\frac{dy}{dx}$ と書くと、「y を x で微分する」という意味になります。そのココロはというと、まず dx は、少し前に説明したとおり x の非常に小さな変化を意味しています。そして dy は、x が dx だけ増加したときの y の増加幅を表しています。つまり、y の増加幅 ÷ x の増加幅という形になっているので、$\frac{dy}{dx}$ はグラフの傾きを意味しています。ただし、dx は非常に小さな変化なので、グラフを拡大表示した場合の傾きに対応します。これは先ほど説明したように、グラフの接線の傾きに一致します。

右辺の Δx は小さいという理由で無視したのに左辺の Δy と Δx は無視しなくていいのかと疑問に思われるかもしれませんが、左辺は $\frac{\Delta y}{\Delta x}$ という "小さい数を小さい数で割った比" になっているためそれが無視できるほど小さい値になるかどうかは分かりません。そのため、こちらは無視することはできないわけです。

小さいから無視するという発想は、ややいい加減に映るかもしれません。実際、17世紀にニュートンとライプニッツが微積分学の計算方法を体系化した当初は、まだ正統な数学としての地位を確立できていませんでした。その証拠に、ニュートンが著書『プリンキピア』の中で物理学の法則を証明したときも、自分が発明した微積分の計算方法ではなく、幾何学の計算方法を主に使っています。当時は、幾何学が権威ある数

学だとみなされていた一方で、微積分学は誕生したばかりでまだ市民権を得ていなかったため、使うのは控えたのだと考えられます。このように、微積分の考え方が受け入れられるまでには相応の時間がかかったわけですが、現代では数学的に厳密な議論による裏付けがなされ、盤石な地位を確立しています。

微分の結果を使って接線の式を作る

さて、$y=x^2$の微分ができたわけですが、この計算結果がどういう意味を持つのかについて、**図4-13**のグラフを使ってビジュアル的に理解していきたいと思います。微分は、接線の傾きを求める計算だという話をしました。従って、「$\frac{dy}{dx}=2x$」という計算結果は、**接線の傾き**を表しています。

具体的には、例えば$x=-1$の地点における接線の傾き$\left(\frac{dy}{dx}\right)$は$-2$ $(2x=2\times(-1)=-2)$ です。$x=2$の地点における接線の傾き$\left(\frac{dy}{dx}\right)$は4 $(2x=2\times2=4)$ です。こういう具合に、この式から各地点における傾きを求めることができます。ここで注意ですが、微分は接線の傾きを求めるための計算ですので、接線そのものを表す数式を求めるにはもう一段階の計算が必要になります。

具体例として、$x=-1$における接線（①）を数式で表してみましょう。接線はまっすぐなので、第2章で説明したように1次関数で表すことができます。復習ですが、1次関数は$y=\square x+\bigcirc$という形で表せるので

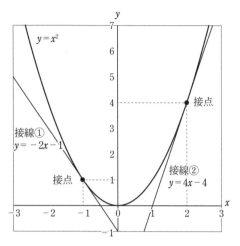

図4-13　曲線と接線

したね。また、微分の結果である「$\dfrac{dy}{dx} = 2x$」の x に

-1 を代入すると -2 となるので、$x = -1$ における接線

の傾き $\left(\dfrac{dy}{dx}\right)$ は -2 となります。つまり、接線①は $y =$

$-2x + \bigcirc$ と書けるはずです。

　さらに、接線はその定義（曲線に接する直線）からし

て、$x = -1$ において $y = x^2$ と接していなければなりま

せん。となると接線は $(x, y) = (-1, 1)$ を通るはずで

す。これを接線の式に当てはめると $1 = -2 \times (-1) +$

$\bigcirc$ となって、$\bigcirc = -1$ であることが分かります。つま

り接線①は $y = -2x - 1$ と表せるということです。これ

で接線そのものの数式を求めることができました。

同様に、$x=2$における接線（②）を求めてみましょう。「$\dfrac{dy}{dx}=2x$」のxに2を代入すると4になるので、$x=2$における接線の傾き$\left(\dfrac{dy}{dx}\right)$は4です。つまり、接線②は$y=4x+\bigcirc$と書けます。そして、接線②は$x=2$において$y=x^2$と接しているので、$(x, y)=(2, 4)$を通るはずです。これを接線②の式に当てはめると$4=4\times2+\bigcirc$となり、$\bigcirc=-4$であることが分かります。このことから、接線②は$y=4x-4$と表せることが分かります。

微分と積分は互いに逆向きの計算

　ここまでで、積分はグラフの面積を求めること、微分は接線の傾きを求めることだということが分かりました。一見すると、微分と積分は全く別のことをやっているように見えますが、実は表裏一体です。というのも、微分と積分は互いに逆向きの計算であると考えることができるからです。

　例えば、p.215でやった積分の計算では、$2x$を積分するとx^2+Cになることが分かりました。また、pp.217〜218でやった微分の計算では、x^2を微分すると$2x$になるということが分かりました。

　ここで補足ですが、x^2をy軸方向にシフトさせた関数、例えばx^2+5や$x^2-7.5$なども微分すると同じく$2x$になります。というのも、微分の結果$\dfrac{dy}{dx}$はグラフの傾きを表しているので、y軸方向へシフトしてもグラフの傾きは変わらないからです。つまりシフト幅をC

という文字で表せば、「$x^2 + C$を微分すると$2x$になる」ということになります。

　これらは次の模式図のように、微分と積分がお互いに逆向きの計算になっていることを示す一例です。

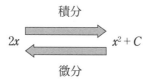

積分

$2x$　　　　　　　$x^2 + C$

微分

　微分と積分が逆向きの計算であることは**「微積分学の基本定理」**と呼ばれ微分と積分を結びつける非常に重要な定理だとみなされています。微分と積分が互いに逆向きの計算であるということを知っておくと実際の計算を行う上で非常に役立ちます。というのも、微分と積分を両方やる必要がなくなるからです。例えば、$2x$の積分が$x^2 + C$であることを求めてしまえば、$x^2 + C$の微分は計算するまでもなく$2x$であることが分かります。積分と微分のどちらかだけ計算すれば反対も成り立つことが自動的に保証されるのです。

　不定積分の結果を原始関数と呼ぶ理由も、微積分学の基本定理にあります。というのも、被積分関数を不定積分した結果が原始関数なわけですが、微分と積分は逆向きの計算であることから、その原始関数を微分すると元の関数（すなわち被積分関数）に戻ります。見方を変えると、原始関数が母体であり、元の関数は原始関数を微分することで生み出されていると考えることもできるわけです。というわけで、母体となる原始

の関数という意味合いで原始関数と呼ばれます。

　微分と積分が逆向きの計算になっている理由については、本編で説明するにはやや入り組んだ内容になるため、下のコラムにて説明しました。コラムを読み飛ばしても本編の理解に影響はありませんが、ご興味のある方は読んでみていただければと思います。

....

【コラム】
なぜ微分と積分は逆向きの計算だと言えるのか

　このコラムでは、微分と積分は逆向きの計算だと言える理由について説明したいと思います。積分は、グラフの面積を求める計算でしたね。本編の例でいうと、$y=2x$ を積分すると x^2+C になりましたが、この結果は「$y=2x$ のグラフの面積」を表しているのでした。このように、積分は、被積分関数のグラフの面積を求める計算だと言えます。そこで、被積分関数のグラフの面積を S と置くと、積分は S を求める計算だということになります。ということは、微分と積分が逆向きの計算なのだとしたら、S を微分したら元の被積分関数に戻るはずです。つまり、以下のような関係性になっているはずです。

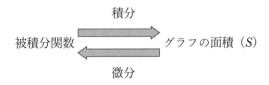

積分

被積分関数　　　　　　　　グラフの面積（S）

微分

Sを微分するとは、すなわち$\frac{\Delta S}{\Delta x}$を計算することに他なりません。ここで$\Delta S$は、$x$が$\Delta x$だけ増加した場合の$S$の増加幅を表しています。そこで、$x$が$\Delta x$だけ増加した場合、$S$はどれくらい増加するかを求めてみましょう。グラフの面積は、短冊の面積の総和として表されます。ここで図4-14にあるように、xが微小な幅Δxだけ増加したとしましょう。すると横幅がΔxの新しい短冊が追加され、その分だけ全体の面積Sが増加します。被積分関数を「$y=f(x)$」と表すと、新しく追加された短冊の面積は「$f(x) \times \Delta x$」と表されます。つまり、xがΔxだけ増加したときの面積の増加幅ΔSは、「$f(x) \times \Delta x$」で表されるということです。

よって、微分は次のように計算できます。

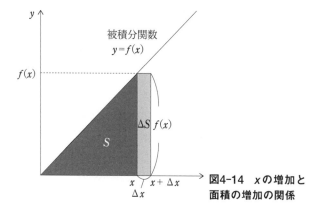

図4-14 xの増加と面積の増加の関係

$$\frac{\Delta S}{\Delta x} = \frac{f(x) \times \Delta x}{\Delta x}$$

← 面積は新しい短冊 の分だけ増える

$$= f(x)$$

← Δx を約分した

　よって、積分した結果（グラフの面積）を微分すると元の関数（被積分関数）に戻ることが分かりました。すなわち、微分と積分は互いに逆向きの計算だということになります。

微積分学の最先端を覗く

　微分と積分の考え方について一通り説明が終わりましたので、今度は具体的な応用例を見ていきたいと思います。第1章では、微分の考え方を使うと複雑な現象をシンプルにとらえることができるという話をしました。その具体例として、自動車の移動距離を求める例題に触れてきました。ここでは、さらに一歩進んで、いろいろな分野で微積分の考え方がどう使われているかを見ていきましょう。今までの例では、変数が x と y の2つしか登場しなかったために、平面的なグラフで状況を表すことができました。しかし、実際の応用では変数がもっと多い場合が珍しくないので、平面的なグラフで表すのは難しくなります。しかし、微分は「小さな変化を考える」、積分は「微分の結果を足して元に戻す」という基本的な発想を適用すれば、そのような場合でも思考を進めていくことができます。

新型コロナと闘うには微積分が必要だった！

　実は、第1章で出てきたコロナの式も、微分の考え方を使っています。ここで第1章の式を再掲します。

〈新型コロナの式（再掲）〉

　感染者数の増減

　＝a×未感染者数×感染者数 － b×感染者数

　　　※一定期間に発生　　　　　　※一定期間のうちに、
　　　　する新規感染者数　　　　　　回復または死亡によ
　　　　　　　　　　　　　　　　　　り「感染者」でなく
　　　　　　　　　　　　　　　　　　なる人数

　　（※aは感染拡大の勢い、bは一定期間に回復または死亡する
　　　人の割合）

〈変数の定義〉

　　未感染者数：まだ感染していない人（つまり、今後感
　　　染する可能性がある人）の総数

　　感染者数：現時点で感染している人の総数

　記憶が薄れている方のために改めて説明しますと、右辺の「a×未感染者数×感染者数」は、一定期間（例えば24時間）に発生する新規感染者数を表しています。感染者が多くても未感染者が少なければ感染させる対象自体が少ないため感染は広がりません。一方、未感染者が多く、かつ感染者も多い場合は感染する人もさせる人も多いため新規感染者が爆発的に増加します。そういった状況を考慮するために新規感染者数が

「未感染者数×感染者数」に比例すると考えているわけです。aは感染拡大の勢いを表す数値で、大きな値になるほど感染の勢いが強いことを示しています。

「b×感染者数」という項は回復（免疫獲得）するか死亡するかして感染者でなくなる人を表しています。bは感染者のうち一定期間内に回復または死亡する人の割合を表しています。感染者でなくなった人は除いて数える必要があるので引き算をしているわけです。

この式をよく観察してみましょう。左辺の「感染者数の増減」は、ある一定の時間で感染者が何人増加するかを表しています。ここで、時間のことをtという文字で表すとしましょう（timeの頭文字を取りました）。自動車の例題では時間をxと置いていたので戸惑うかもしれませんが、文字は何だって良いのです。自動車の例題では説明の便宜上xという文字を使いましたが、慣例としては時間をtという文字で置くことが多いです。ある一定の時間間隔は、Δ（デルタ）を使ってΔtと書くことができます。そして、Δtだけ時間が経過した際の感染者数の増減幅は、「Δ感染者数」と書くことができます。そうすると、新型コロナの式は次のように表すことができます。

〈新型コロナの式（微分の考え方を使って表した場合）〉

$$\frac{\Delta\text{感染者数}}{\Delta t}$$

$$= a \times \text{未感染者数} \times \text{感染者数} - b \times \text{感染者数}$$

この式は、元の式の「感染者数の増減」が「Δ感染者数／Δt」に置き換えられています。この部分は、感染者数の増減（Δ感染者数）を経過時間（Δt）で割っているので、単位時間あたりの感染者数の増減を示していることになります。つまり、第1章の段階ではまだ微分の考え方を知らなかったので「感染者数の増減」と言葉で表現していたものを、微分の考え方に基づいて表現しなおしたということです。このように、微分（つまり$\frac{\Delta y}{\Delta x}$の形をした項）が含まれた方程式のことを**微分方程式**と呼びます。

　実は、この式だけでは感染状況をシミュレーションすることはできません。なぜならば、感染の状況を把握するためには、「未感染者数」や「回復者および死者数」の推移についても知る必要があるからです。そこで、これらのための微分方程式を別に立てる必要があります。

　まず「未感染者数」についてですが、新規感染者数が増えればその分だけ未感染者数は減っていくので、次のような微分方程式で表すことができます。方程式の左辺は、未感染者数の増減を表しています。そして右辺は、先ほどの微分方程式に出てきた新規感染者数の項にマイナスがついたものになっています。つまり、新規感染者が出ると、同じ人数だけ未感染者数が減るということを表しています。

〈未感染者数の微分方程式〉

$$\frac{\Delta 未感染者数}{\Delta t} = -a \times 未感染者数 \times 感染者数$$

※一定期間に発生する新規感染者数

次に、「回復者数および死者数」についてです。回復者と死者が一緒にされているのは、どちらも他人に感染させる心配がない（回復者は免疫を獲得するため感染の心配がないと考える）という意味で同じだからです。まずは「感染者」になり、そこから一定期間ごとに一定割合が「回復者および死者」になっていくと考えることができるため、微分方程式は次のようになります。ここでbは、一定期間のうちに感染者が回復または死亡する割合を示しています。

$$\frac{\Delta 回復者数および死者数}{\Delta t} = b \times 感染者数$$

※一定期間のうちに、回復または死亡により「感染者」でなくなる人数

これら3つの微分方程式を使えば、感染の状況をシミュレーションすることができます。ここで紹介した考え方は、全人口を「未感染者（Susceptible）」、「感染者（Infected）」、「回復者および死者（Recovered）」に分けて考えることから、その頭文字を取ってSIRモデルと呼ばれています。これらの微分方程式を使うことで、どのような状況だと感染者が爆発的に増えるの

か、どこまで接触を減らせば感染が収束するのかといったことを具体的に調べることができます。感染症の専門家は、こういった微分方程式による分析から様々な知見を得て、感染対策を立てるわけです。

このような数理モデルがなければ、どれくらい接触を断てば感染が収まるのか分からず、「とにかく部屋に閉じこもって家族とも会わず、接触を100％断つべし」となっていたかもしれません。そうなれば、経済は完全に崩壊していたことでしょう。人間は、分からないことは過度に恐れてしまうものです。微分方程式を使って感染の状況を予測できるおかげで、よりバランス感覚のある対策を打ち出すことができます。政治の混乱による対策の遅れなどはあるかもしれませんが、その中でも専門家集団が一貫した立場でアドバイスを発信し続けられるのは、こういった数理モデルによる緻密な分析があるからこそだと言えます。感染症との闘いには、微積分学が不可欠なのです。

宇宙時代をもたらしたツィオルコフスキーの公式

近年は、民間企業によるロケット打ち上げが相次いで成功し、いよいよビジネス圏が宇宙にまで拡大しつつあります。このような宇宙時代のきっかけを作ったとも言えるのが1897年にコンスタンチン・ツィオルコフスキーが提唱したロケットに関する公式です。

この公式は、ロケットの推進原理を示したものです。現代のロケットは、下部から激しい火のようなも

のを噴射して、その勢いで宇宙へ飛んでいきますが、あの噴射している"火のようなもの"は推進剤と呼ばれるものです。ざっくり言うと、ロケットは搭載されている燃料を激しく燃焼させ、そのときに発生するガスを勢いよく噴射することで飛んでいます。その噴射される物資のことを推進剤と呼ぶわけです。実は、ロケットの質量の9割は燃料で、その燃料を燃やし推進剤を噴射することで飛んでいくわけなので、ロケット自体の質量は飛んでいるうちに少しずつ小さくなっていきます。そこで、飛んでいる途中のロケットの質量を m（質量を表す英単語massの頭文字を取りました）、推進剤の噴射速度を w とおくと、ロケットの速度は次のツィオルコフスキーの公式によって表されます。

〈ツィオルコフスキーの公式〉

ロケットの速度 $= w \int \dfrac{1}{m} dm$

w：推進剤の噴射速度
m：ロケットの質量

　ぱっと見は分かりづらいですが、本章をここまで読んでこられた読者の方々は、これが積分の計算であることがお分かりいただけると思います。式の意味合いを説明すると、右辺に w が掛けられていることから、噴射速度が大きいほどロケットが速く飛ぶことが分かります。これは直感とも合っていますね。$\int \dfrac{1}{m} dm$ という部分が手ごわいですが、m という文字を x で置き

換え（単なるラベルなのでどんな文字を使ってもかまいません）、$f(x) = \dfrac{1}{x}$ とすれば、$\int f(x)dx$ という見慣れた形に書き換えることができます。つまり、この部分は、$f(x) = \dfrac{1}{x}$ を積分せよという意味なのです（x はロケットの質量）。計算手順は、本章で今まで説明してきた通りです。つまり、ロケットの質量の変化を計算し、その逆数 $\left(\dfrac{1}{m}\right)$ をグラフにプロットした上で、短冊に区切ってグラフの面積を求めればいいわけです。

　ちなみに、飛行中のロケットの質量は、その時点までに噴射した推進剤の総質量を元の質量から引けば求めることができます。人類を月へ送ったアポロ11号も含めたすべてのロケットは、このツィオルコフスキーの公式を基本として設計されているのです。

株価の動きを数式にする

　次の応用例として、株価の動きを考えてみましょう。図4-15は日経平均株価の値動きを表しています。複雑にギザギザを描いていて一見すると数式で表すことは難しそうですね。ところが、微分の発想を使って短い時間 Δt（t は time の頭文字）の変動だけを考えると株価の動きを次のように数式で表せてしまいます。

〈株価の値動きの式〉
　　Δ 株価 ＝ <u>成長率 × 株価 × Δt</u> ＋ <u>変動率 × 株価 × ΔW</u>
　　　　　　　　※経済成長に伴う上昇　　　　※ランダムな動き

数式の説明ですが株価は一般に、経済の成長に伴って一定の割合で上昇していきます。その成長を表すのが「成長率×株価×Δt」という項です。例えば株価の成長率を年率5％、現時点の株価を1万円、Δtを1日としましょう。1年は約260営業日なので、$\Delta t = \frac{1}{260}$と書けます（株価の成長率を年率で考えているので、Δtも年単位で表す必要があります）。このとき「成長率×株価×Δt」の部分を計算すると「5％×1万円×$\frac{1}{260}$＝1.9円」となり、株価は1日あたり1.9円の割合で上昇する力を持っていることが分かります（小数第2位を四捨五入）。

　しかし、株価はいつも順調に上昇するとは限らず、市場のニュースや取引の状況などランダムな要因の影響も受けます。そのランダムな値動きを表すのが、「変動率×株価×ΔW」という項です。ΔWは、ランダムな動きによる変化を表しています。数学的には

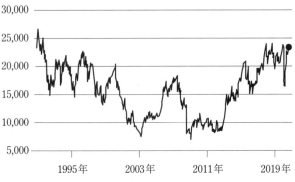

図4-15　日経平均株価の値動き

「ウィーナー（Wiener）過程」と呼ばれるものを使ってランダムな動きを表すことができるので、その頭文字をとってWとしています。ウィーナー過程とは、酔っ払いのようなふらふらとした不規則な動きを数学的に表したものになります。そして「変動率」は、その株式の値動きの激しさを表していて、値動きの大きな銘柄ほど大きな値になります。

　複雑な動きをする株価も、微分の発想を使うことで数式にできました。この数式は、株価を分析する上で必要不可欠なもので、経済学や金融工学の研究において使われます。また、株式をあらかじめ約束した価格で買ったり売ったりする権利のことを株式オプションと呼び、その権利の売買が世界中の金融機関で行われているのですが、その権利をいくらで売買すべきかを計算する上でも欠かせない数式となっています。

数式に落とし込みさえすれば後は楽勝

　以上、いくつかの応用例を紹介しました。微積分学は、ここで挙げたもの以外にも様々な分野で私たちの文明を支えています。第1章の飛行機の例で出てきた、空気の流れを表す「ナビエ・ストークス方程式」も微分方程式の一種です。他にも、金融工学を支える「ブラック・ショールズ方程式」、熱の伝わり方を表す「熱伝導方程式」、スマホなどの電波の振る舞いを表す「マクスウェル方程式」、物体の運動を表す「運動方程式」、音波や地震波などの伝わり方を表す「波動方程

式」、建築において梁のたわみを計算するための「弾性曲線方程式」などなど、様々な分野で微分方程式が活躍しています。

　これらの微分方程式はすべて、ほんの小さな変化を考えることによって、複雑な現象を単純化して数式に落とし込んだものです。小さな変化の世界でいろいろな計算を行ったあとに、積分で元に戻します。このような微積分の考え方によって、人類はいろいろな現象を数式に落とし込み、計算することに成功してきました。現代文明は微積分なしでは到底成り立たないというほどに、様々な分野の根幹を微積分が支えています。今後も私たちは、微積分の恩恵を受け続けることでしょう。

　さて、次の第5章でいよいよ最終章となります。最後の四天王は、膨大なデータから知見を得る方法論である「統計学」です。近年はビッグデータ時代と言われるように信じられないほど膨大な情報が日々生み出されていて、情報を制する者が世界を制するという状況になっています。そういった時世において、膨大なデータを咀嚼し知見を得るための統計学に大きな注目が集まっています。そこで最終章では、時代の寵児とも言える統計学の全体像を俯瞰し、最新の応用例についても見ていきたいと思います。

第 5 章

統計学

ビッグデータ時代を
生きるために

いよいよ最終章です。ここでは、数学四天王の最後の一角、統計学について紹介したいと思います。

　統計学は、俯瞰的な視点でデータの特徴をとらえ、そこから知見を得るための学問です。代数学や幾何学は古代ギリシア時代から熱心に研究されていたのに対し、統計学の歴史は比較的浅く、学問として認識され始めたのは17世紀頃からです。微積分学も、体系的な学問として発展し始めたのは17世紀のニュートン、ライプニッツからなので、これら2分野は四天王の中でも若手の方だと言えます。17世紀頃のヨーロッパ諸国では、国家の行政機能が進歩し、人口や経済に関するデータを組織的に収集・分析する体制が整ってきました。しかし、目の前にある膨大なデータを前にして、役人は困り果ててしまいます。データの山を眺めるだけでは、「……で、結局何が言えるの？」という肝心な部分が分からないからです。膨大なデータの特徴をとらえ、そこから知見を得るための方法論を確立したいという社会的ニーズから、統計学が誕生しました。

　統計学は大きく分けて3つの分野からなります。

①記述統計学

　データの特徴をわかりやすく記述する。

②推測統計学

　限られたデータから全体の状況を推測する。

③ベイズ統計学

　新しいデータを学習して予測を改善する。

膨大なデータを読み解いていく方法を体系化したものが、1つめの**記述統計学**です。記述統計学は、歴史的には3つの分野のうちで最初に登場したものであり、統計学全体の土台をなしています。

　2つめは、選挙の出口調査や新薬の治験など、限られたデータから全体の状況、例えば選挙の勝敗や世界中の患者に薬が効くかなどを推測するための方法論が**推測統計学**です。または推計統計学とも呼びます。有権者全員にインタビューしたり、世界中のすべての患者に薬を試したりといったことは非現実的ですから、一部を調べて全体の状況を推測するという推測統計学の手法は、現代文明にはなくてはならないものになっています。

　3つめは、AI時代に注目度が高まっている**ベイズ統計学**です。近年はビッグデータ時代ともいわれ、毎日のように膨大なデータが生み出されています。ベイズ統計学は、そういった新しく生み出されるデータを取り込むことで、既存のデータに基づく予測を改善していく「学習機能」が最大の特徴です。次々と新しいデータが生み出される現代社会においてニーズが高まっている分野です。

　これら3つの分野はそれぞれ守備範囲が異なっていて、全体として非常に幅広いテーマをカバーしているからこそ、統計学の応用範囲が多岐にわたるわけです。分析を行う際は、データを使って何をしたいのかという目的に応じてこれらを使い分けていきます。

5-1　記述統計学は手短に話す

集めたデータをどう見るか

　記述統計学の役割は、データの特徴を分かりやすく表す（記述する）ことです。そもそも統計学が誕生したきっかけは、人口や経済に関する膨大なデータの特徴をとらえ、解釈しやすくしたいというニーズからでした。このニーズにズバリ応えるのが記述統計学です。このニーズは、現代ビジネスの世界で「エレベータートーク」と呼ばれているものに近いと思います。エレベータートークとは、同じエレベーターに乗り合わせたときに話せる程度の短い時間で要点を伝える会話術のことです。例えば、出社時にたまたま部長と同じエレベーターになったとき、目的の階に着くまでの数十秒間で担当プロジェクトの進捗を伝えるというような場面を想像していただければと思います。いかに情報を圧縮して要点だけを伝えるかが重要になるでしょう。データについても同様で、そのままでは情報量が多すぎるので、いかに圧縮するかが分かりやすさのポイントになります。

　そもそも人間の脳は、一度に数個の事柄しか処理することができません。このことに関しては、アメリカの認知心理学者ジョージ・ミラーが1956年に発表した「マジカルナンバー7±2」という論文が有名です。論文の中でミラーは、人間が一度に頭に入れてお

ける項目はせいぜい5〜9個（つまり7個±2個）程度であると指摘しています。どんなに膨大なデータでも、最終的にそれを使うのは人間ですから、人間にとって理解しやすいように情報を圧縮したいというニーズがあるわけです。そこで、記述統計学では、データの特徴をいくつかの数値で表すことで分かりやすくします。どういうふうに考えるのか、具体例を見てみましょう。

日本に住む17歳の男子高校生の身長データが手元にあるとしましょう（**表5-1**）。日本には、17歳の男性は60万人くらいいます。その全員が高校に通っているわけではありませんが、高校生だけに絞っても膨大な人数になるでしょう。それほど大量のデータをそのまま提示されても、私たちの脳は処理しきれません。

そこで、分かりやすくするための第一歩として、データをグラフで視覚化してみましょう（**図5-2**）。横軸が身長、縦軸が全体（日本全国の17歳の男子高校生）に占める割合です。これを見ると、170cm付近の身長の人が最も多く、そこから±数センチくらいの範囲に大

172.2	169.4	175.2	171.1	172.0	175.7	165.9	180.1	……
173.1	168.2	172.6	178.6	174.3	171.9	182.7	171.8	
168.2	172.3	168.9	169.0	170.5	170.8	177.5	169.2	
166.5	169.7	175.2	173.7	169.4	177.2	169.9	170.2	
……								

表5-1　17歳の男子高校生の身長データ（cm）
（実際のデータではなく著者が仮作成したもの）

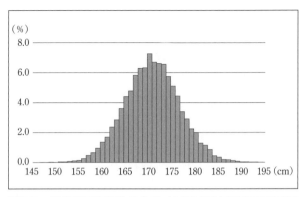

図5-2　17歳男子高校生の身長（文部科学省「学校保健統計調査
令和元年度　全国表」データより作成）

部分の人が収まっていることが分かりますね。データ
の全体感がつかめてきました。このように、データの
平均値がいくらで、どれくらい散らばっているかが分
かれば、全体的な傾向をつかむことができます。そこ
で記述統計学では、データの"平均値"と"散らばり
具合"が、データを特徴づけていると考えます。と言
っても、分布の形状を目で見て判断するのでは、基準
があいまいすぎますね。"平均値"や"散らばり具
合"を数値化して表すことができれば、それが分布全
体を特徴付けるものとみなせそうです。というわけ
で、"平均値"と"散らばり具合"をどうやって数値
化するか見ていきましょう。

分布の"平均値"と"散らばり具合"を数値化する

　まず平均値ですが、これはデータの数値をすべて足して、データの個数で割ることで求められます。

　補足ですが、統計学では、データの個数のことを**サンプルサイズ**と呼びます。例えば、身長のデータが全部で100人分あれば、サンプルサイズは100です。**図5-2**のグラフはサンプルサイズが大きいので、計算例として使うには煩雑すぎますね。そこで、**表5-3**のように、サンプルサイズが3の場合で具体的な計算を見てみましょう。3人の身長の平均値は、$(167 + 176 + 170) \div 3 = 171$cm になります。

　次に、"散らばり具合"を表す指標を考えたいと思います。データは平均値の周りに散らばっていると考えることができますから、個々のデータが平均値からどれくらい離れているかを調べれば、それが散らばり具合を表していると言えそうです。

　そこで、まず第1段階として**表5-4**のように、各人の身長データから平均値を引いた値を求めます。

　このように、個々のデータから平均値を引いた値のことを**残差**と呼びます。平均値を引いて残った部分と

	身長（cm）
A君	167
B君	176
C君	170

表5-3

	①身長 (cm)	②平均値 (cm)	③残差 =①−②
A君	167		−4
B君	176	171	5
C君	170		−1

表5-4

いうような意味合いです。データと平均値が一致して
いるとき残差はゼロになるので、残差がゼロから離れ
た値であるほど、データが広範囲に散らばっていると
いうことになります。例えば、残差が−1や1のとき
よりも、−5や5のときの方が、データがより平均値
から離れています。

　残差は、個々のデータの散らばり具合を表します
が、私たちが知りたいのは分布全体の傾向です。つま
り、データが平均値の周りに集中しているのか、それ
とも広い範囲にバラけているのかといったことを知り
たいのです。全体の傾向をとらえることが、データを
俯瞰的に見ることにつながるからです。というわけ
で、データの散らばり具合が平均的に見て大きいか小
さいかを調べる必要があります。単純に考えると、残
差の平均値を計算すればそれが分布全体の平均的な散
らばり具合を表しているような気がします。

　しかし、この方法には問題があります。実際に**表
5-4**の③から残差の平均値を計算するとどうなるでし
ょうか？　答えはゼロになります（(−4+5−1)÷3＝
0)。というのも、残差の総和は必ずゼロになるからで

す。なぜゼロになるかというとデータの数値が平均値より大きい場合は残差がプラス、平均値より小さい場合は残差がマイナスとなり、プラスとマイナスが同じ分量だけ出てくるので、すべて足すと打ち消し合ってゼロになるためです。つまり、平均値から見るとそれより大きいデータと小さいデータが等しいバランスで存在しているということで、まさに平均値の定義からして残差の総和は必然的にゼロになるということです。詳細な証明手順は割愛しますが、残差の総和がゼロになることを数学的に証明することもできます。

　残差の平均値がゼロになってしまうのは、プラスの残差とマイナスの残差があるからです。そこで、残差を2乗することで、すべてプラスの値にしてしまいましょう。そうすると、足し合わせてゼロになることはありませんし、残差が大きいほど2乗した値も大きくなるので、データの散らばり具合を表す数字としても使えそうです。

　そこで次の段階です。第2段階として残差の2乗の平均値を計算します。すると14という値になります。統計学では、残差の2乗の平均値のことを**分散**と呼びます。分散は、データの散らばり具合が大きいほど大きな値になるので散らばり具合を表す指標としてよく使われます。ただし、2乗しているので大きな値になりがちで、少し分かりづらいという欠点があります。

　ですから最後の、第3段階として分散の平方根を求

めます（つまり$\sqrt{分散}$を計算します）。2乗することで数字が大きくなったので、平方根を取ることで規模感を元に戻しているイメージです。このように計算した値、つまり、分散の平方根のことを**標準偏差**と呼ぶことになっています。標準偏差という言葉の意味合いですが、"偏差"という言葉は、ここでは平均値からの偏り具合（どれだけ散らばっているか）を意味しています。また、"標準"という言葉は、何かの目安という意味があります。つまり、標準偏差は、散らばり具合の目安という意味を持ちます。

今回の例では、標準偏差は3.74（cm）となっていますが、これは、データが平均値である171（cm）の周りにおおむね±3.74cmくらいの幅をもって散らばっているということを意味しています。この例ではサンプルサイズが3なのでありがたみが分かりづらいですが、サンプルサイズが10, ……, 100, ……, 1000, ……, 10000, ……と大きくなっていくと、その数字の羅列を見るだけでは散らばり具合を把握するのは難しくなります。一方、標準偏差であれば、サンプルサイズがどんなに大きくても、決まった計算プロセスで散らばり具合を数値化できるのです。

【まとめ】 標準偏差の計算手順

第1段階：残差（平均値との差）を、それぞれのデータごとに計算する

	①身長 (cm)	②平均値 (cm)	③残差 =①-②
A君	167		-4
B君	176	171	5
C君	170		-1

表5-4（再掲）

第2段階：分散（残差の2乗の平均値）を計算する

$$\{(-4)^2 + 5^2 + (-1)^2\} \div 3 = (16 + 25 + 1) \div 3 = 14$$

第3段階：標準偏差（分散の平方根）を計算する

$$\sqrt{14} = 3.74\cdots\cdots$$

標準偏差は、データの散らばり具合を表す指標として最もよく使われるものです。データそのものは膨大な数字の羅列で人の頭に入りきれませんが、平均値と標準偏差という2つの数値に情報を圧縮することで、全体感がパッと頭に入ってくるようになります。平均値、分散、標準偏差などのように、データ全体を特徴付ける数値のことを**要約統計量**と呼びます。名前の通り、データ全体の状況を要約した数値ということです。ちなみに、**図5-2**の17歳男子高校生の身長データから平均値と標準偏差を計算してみると、平均値は170.6cm、標準偏差は5.9cmとなります。

要約統計量は平均値、分散、標準偏差以外にもあるのですが、紙面の関係から代表的なものの紹介に留め

たいと思います。後ほど、それ以外の要約統計量について少しだけ紹介します。繰り返しになりますが、要約統計量の役割は、データの特徴を数値化して全体感をつかみやすくすることです。

分布の形は「正規分布」になることが多い

　統計学では、いろいろな分布の形を表す数式が取り揃えられています。データをグラフ化すると分布の形が分かりますが、その分布の形に合った数式を当てはめて分析を行うということをよくやります。中でも、最もよく使われるのが**正規分布**と呼ばれる形です。

　先ほど、男子高校生の身長のデータをグラフにするということをやりました（**図5-2**）。このグラフを見てみると、平均値付近が盛り上がった左右対称な釣り鐘型の山が1つだけできています。この分布が意味しているのは、多くの人の身長は平均値付近であって、それより極端に大きい人や小さい人は稀だということです。まとめると、以下のような特徴があります。

・山が1つだけで左右対称
・平均値付近のデータが最も多く、そこから離れるほど少なくなる
・平均値から極端に離れたデータはほとんどない

　実際、身長のデータに限らず非常に多くのデータがこのような傾向を持っているため、釣り鐘型の分布は

最もありふれたものです。このような分布を表すときに使うのが正規分布です。正規分布という言葉は英語の「normal distribution（普通の分布）」を訳したものでしかありません。要は普通の、最もありふれた分布という意味です。正規分布は比較的シンプルな数式で表すことができるので、いろいろな分析や計算がやりやすく、それも重宝されている理由の一つです。もちろん、実際のデータには測定誤差などもあるため、完全に数式ぴったりになるわけではありませんが、高い精度で実際のデータを表すことができます。あるデータＸの分布が正規分布の数式で近似できる場合「データＸは正規分布に従う」などと表現します。

　例えば学力テストの点数の分布は、多くの場合は正規分布に従うとみなすことができます。つまり平均点付近の学生が一番多くて、平均点から離れるにつれて人数が少なくなっていき、成績が飛びぬけて良い学生やものすごく悪い学生は少数派だということです。そのことを利用して学生の学力を数値化したものが学力偏差値です。いわゆる「偏差値」のことですね。

　今の教育システムでは学力はテストの点数で測るのが一般的ですがテストの難易度によって平均点が上下するので、点数そのものを客観的な指標とするのは難しい面があります。受けたテストがたまたま難しかったから低めの点数になったのに、それで学力が低いとみなされるのでは公平性に欠けるからです。また、受験生によって点差が開きやすいかどうかも重要なポイ

ントです。易しい問題ばかりだと点差はあまり開かないでしょうが、程よい難易度の問題が多ければ学生によって解けたり解けなかったりして点差が開きやすくなります。ですので、例えば平均点より10点高い点数を取ったとして、それがどれくらいすごいことなのかは問題の内容によりけりということです。

テストの内容によらない公平な評価基準とするには、平均点や点数のバラつきを調整してあげる必要があります。そこで、学力偏差値を計算するときは、まず受験者全員の点数の平均値（平均点）と標準偏差（散らばり具合の目安で$\sqrt{分散}$のこと）を計算します。その上で、平均点を取った生徒の偏差値を50とおきます。そして、平均点より高い点数を取った学生については、標準偏差の分だけ点数が上がるごとに偏差値を10ずつ高くしていきます。一方、平均点より低い点数を取った学生については、標準偏差の分だけ点数が下がるごとに偏差値を10ずつ低くしていきます。

具体例を挙げましょう。5教科100点ずつで計500点満点の全国模試について、点数の平均値が350点、標準偏差が25点だったとしましょう。この模試においては、点数が350点の学生の偏差値が50になります。そして、平均点から点数が25点上がるごとに偏差値が10ずつ高くなります。375点なら偏差値60、400点なら偏差値70といった具合です。一方、平均点より点数が低い場合は、25点下がるごとに偏差値を10ずつ減らしていきます。325点なら偏差値40、300点な

ら偏差値30となります。このように定義すれば、受験者全体の中での相対的な学力を数値化できるわけです。

標準偏差で"レア度"が分かる

標準偏差を基準に考えると、そのデータがどれだけレアかが分かります。正規分布の場合では「平均値±標準偏差」の範囲内に全データの68％が入ると決まっています。例えば、先ほどの模試の例では平均点が350点、標準偏差が25点でしたが、この場合は325点～375点（つまり350±25点）の間に68％の学生が入ります。つまり、受験者が1万人いたとすればおよそ7000人弱はこの範囲の点を取っているということになります。なぜ68％なのかについては数学的な理由があるのですが計算がややこしいので詳細は割愛します。標準偏差はデータの（この例で言えば点数の）散らばり具合を表す指標だという話をしました。では、どれくらい

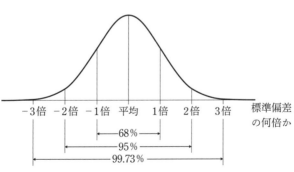

図5-5　正規分布

の範囲をカバーしているのかというと、おおむねデータ全体の7割（正確には68％）が標準偏差の範囲内だということです。正規分布とは異なる種類の分布の場合は違う比率になりますが、正規分布の場合の比率さえ知っておけばそこまで困ることはありません。

カバー範囲を広げると、当然ながらカバー率は上がっていきます。標準偏差の2倍、つまり「平均値±2標準偏差」の範囲だと、全データの95％をカバーします。そして、「平均値±3標準偏差」だと、全データの99.73％をカバーします。偏差値で考えると、40〜60（つまり50±10）の人が全体の68％を占めるということです。では、偏差値80を超える人は、どれだけレアなのでしょうか？　平均点（偏差値50）よりも標準偏差の3倍分超も点数が高い学生が偏差値80を超えることになります。ここで、「平均値±3標準偏差」の範囲に全データの99.73％が入るという話を思い出して下さい。つまり、その範囲をはみ出している人は全体の0.27％に過ぎません。正規分布は左右対称なので、うち半分の0.135％は「平均値−3標準偏差」よりも点数が低い人たちです。残りの0.135％が、「平均値＋3標準偏差」よりも点数が高い人たちになります。つまり、偏差値80を超える学生は、全体の0.135％しか存在しません。1000人に1人というかなりレアな存在ということですね。

これ以外にも正規分布に従うデータはたくさんあって、代表的なものとしては株価の騰落率や計測機器の

測定誤差などが挙げられます。ちなみに正規分布は18世紀の数学者アブラーム・ド・モアブルが実験データの誤差を研究する過程で発見したとされています。

なぜ正規分布になるのか？

　なぜ、正規分布になる場合が多いのでしょうか？本当の理由はかなり専門的なのですが、ここでは直感的な説明をしたいと思います。身長にしろ学力にしろ、差がつくのには何かしら偶然の要因がからんでいます。身長の場合は遺伝的要素や成長期の栄養状態など。テストの成績に関しては、研究によるとIQ（知能指数）と学業成績の相関はおよそ40〜60％とされています。そしてIQは、知能に関わる多数の遺伝子がどう発現するかという偶然の要素に加え、生活環境などの影響を受けて決まるものであるとされます。さらにテストの成績については、親の教育方針や財力、級友からの刺激、良い教師に恵まれたか、本人に勉強する時間がどれだけあったか、試験日の体調なども影響するでしょう。株価の変動や実験データの測定誤差も、偶然による部分が大きいと言えます。このように、偶然がからんでくる場合には正規分布が現れます。

　"偶然"から正規分布が現れてくることを示すために、コイン投げの例を見てみましょう。コインを何枚か投げて、表の数を数えるゲームをします。それぞれのコインは、表か裏が半々の確率で出てくるとします。

図5-6の④⑧ⓒでは、コインが1枚、5枚、100枚の結果をそれぞれグラフ3つに表しました。横軸は表の枚数、縦軸はその枚数になる確率です。コインを1枚だけ投げたとき、裏が出た場合は表の枚数0、表が出た場合は1となるので、④のように、0と1が50％ずつとなります。コイン5枚のときは、表が2〜3枚になる確率が最も高くなります。一方、表が0枚（5枚とも裏）や5枚（5枚とも表）になる確率はかなり低くなります。この結果は、直感とも合っていますね。

　コインがさらに増えて100枚となった場合は表が50枚程度になる確率が最も高くなり、そこから離れるにつれて確率が低くなります。また、表が0枚（すべて裏）や100枚（すべて表）になる確率は非常に低いことが見て取れます。これは正規分布に従うデータの特徴と共通していますね。実際にコインの枚数を増やしていくと表の枚数の分布は正規分布に近づいていきます。

　コインの1枚1枚は、偶然によって裏か表か決まります。そのコインがたくさん集まることで、全体として表の数が何枚かということが決まっています。このように、偶然の要素が多数集まって全体の結果が決まる場合、その結果は正規分布に従います。このことは数学的な定理として証明されていて、**中心極限定理**と呼ばれています。中心極限定理についてあまり細かいことには触れませんが、正規分布を使う根拠としてそういうものがあるのだな、くらいに考えていただければと思います。

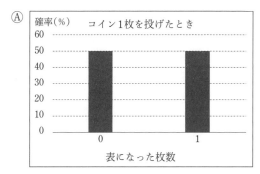

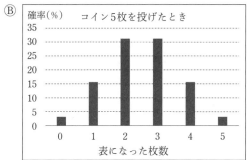

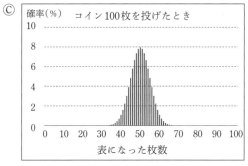

図5-6 コイン投げで表が何枚出るか

テストの成績、身長差、測定誤差、株価の騰落率などは、無数のコインのような様々な偶然の要因が作用した結果、ある程度のバラつきが生じるのだと考えられます。偶然の要素が組み合わさってデータのバラつきが生まれているので正規分布に従うと考えてよいわけです。なお、人間に限らず動物も体のサイズや腕の長さなどは正規分布に従うとされています。これらの特徴も無数の偶然の要素による結果だからです。

　ただし、どんなデータも必ず正規分布に従うというわけではないので、闇雲に当てはめるのではなく自分の目で分布の形を確かめることは大切です。例えば、テストの点数についても必ず正規分布に従うという保証はありません。テストが易しい問題と非常に難しい問題ばかりで構成されていて中間的な難易度の問題がなかった場合、多くの学生は難しい問題に全く歯が立たない一方で、優秀な一部の学生が難しい問題も解くことができて、結果として分布の山が2つできるケースもあります。いわゆる、成績が二極化するというやつです。このような場合は見た目も明らかに釣り鐘型ではないので正規分布を当てはめることはできません。

　正規分布を当てはめることができるかどうかを判断する最もシンプルな方法はグラフを目で見て確かめることです。正規分布の最大の特徴は山が1つしかないことです。このことを専門用語で「**単峰性**」と呼びます。山が2つ以上ある分布は多峰性と呼ばれ、正規分布を素直に当てはめることはできないので、その都度

対策を考える必要があります。専門家であればデータが正規分布に従っているとみなしてよいかを数学的に検証する正規性検定と呼ばれる手順でチェックします。正規性検定をパスすれば、そのデータは正規分布に従っているとみなして良いというわけです。

統計学でウソを見破る

統計学の知識を使うと、ウソを見破ることもできます。先ほど、身長は正規分布に従うという話をしました。そのことを踏まえて、**図5-7**を見て下さい。これは、フランス軍の徴兵検査における身長のデータを表したものですが、身長157cmの前後が正規分布から大きく外れた形になっていますね。統計学の父とも言

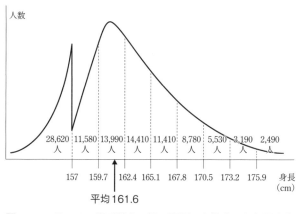

| 28,620人 | 11,580人 | 13,990人 | 14,410人 | 11,410人 | 8,780人 | 5,530人 | 3,190人 | 2,490人 |

| 157 | 159.7 | 162.4 | 165.1 | 167.8 | 170.5 | 173.2 | 175.9 |

身長(cm)

平均161.6

図5-7　フランスの徴兵検査の際の記録から推定した身長分布
（福井幸男『知の統計学2』〔共立出版〕より作成）

われるアドルフ・ケトレーは、この分布を見て次のような考察を残しています。当時のフランス軍では、身長157cm以上であることを徴兵の条件としていました。そのため、157cmより少しだけ背が高い若者の一部が徴兵逃れのために身長をごまかしたことで、157cmを少しだけ上回る人が実際より少なく、下回る人が実際より多く記録されたと考えられるというのです。このように、分布の異常から意外な真実が明るみに出る場合もあります。

統計学で世の中を掘り下げる

　今まで平均値、分散、標準偏差、正規分布といった記述統計学のコアとなる概念を説明してきました。中でも平均値については、ニュース等で最もよく見かけるものだと思います。平均年収、平均労働時間、平均寿命など、いろいろなものの平均値が新聞などで取り上げられ、社会の動向を表す目安の数字として扱われています。平均値は簡単なようでいて意外と奥が深いため、平均値についての思考を掘り下げれば、世の中の出来事をより深く理解することにつながります。

　例として、新型コロナウイルスの感染拡大によって起きた不思議な現象について紹介したいと思います。**図5-8**にあるように、米国労働省が毎月公表している雇用統計では、米国での感染拡大を受けて2020年4月に失業率が急上昇しました。一方、労働者の平均時給の前月比増減率を見てみると、こちらも4月に急上昇

しています。通常、景気の悪いときは失業率が上昇する一方で平均時給は低下し、景気の良いときは逆のことが起きるのですが、このケースはそのどちらにも当てはまらず、失業率と平均時給が共に上昇しています。何が起きていたと思いますか？

　この統計の動きには、平均値のトリックが隠されて

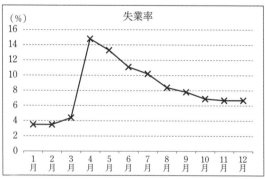

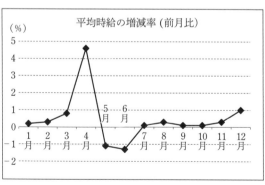

図5-8　2020年の米雇用統計（米国労働省データより著者作成）

いまず。分かりやすくするために、労働者がA〜Eさ
んの5人だけしかいない状況で考えてみましょう。平
均値は、「データをすべて足したものをサンプルサイ
ズで割った値」でしたね。よって、A〜Eさんの時給
が**表5-9**の通りとすれば、平均時給は、全員分の時給
を足して人数で割れば出てきます。つまり、次の計算
により平均時給は2740円であることが分かります。

$$平均時給 = \frac{500円 + 700円 + 1000円 + 1500円 + 10000円}{5} = 2740円$$

　それでは、Aさん、Bさんが解雇されて失業中の場
合、平均時給はどうなるでしょうか？　AさんとBさ
んはそもそも働いていないので、「労働者の平均時
給」の計算からは除外されます。その結果、時給の高
いC〜Eさんだけで平均を取ることになるので、平均
時給は4167円と大幅に上昇します。

	時給			時給
Aさん	500円	AさんとBさんが失業	Cさん	1,000円
Bさん	700円		Dさん	1,500円
Cさん	1,000円		Eさん	10,000円
Dさん	1,500円		平均	4,167円
Eさん	10,000円			
平均	2,740円			

※Aさん、Bさんは失業中の
ため計算の対象外となる

表5-9　平均時給の変化

これと同じことが、2020年4月の米国で起きていました。新型コロナウイルスの急速な感染拡大によって社会活動が大幅に制限されるなか、ホワイトカラーは在宅勤務への移行が進みましたが、接客が必須なレストラン従業員など低賃金の労働者は大量解雇されました。職を失うことで低賃金の労働者が平均値の計算から外れたため、平均時給が伸びたのです。低賃金の労働者がかつてない規模で大量解雇されたことにより、失業率と平均時給の急上昇が同時に起こったのでした。このように、統計学が脳にインストールされていれば、数字の裏に隠れた世の中の動きをとらえることができます。そして、政府やマスコミの出す数字を自ら検証することもできるのです。

平均は本当に"平均的な姿"なのか

　ただし、平均値は万能ではないという点も知っておく必要があります。例として、よくニュース等で話題になる労働者の所得について取り上げたいと思います。所得とは、収入から経費を引いた数字（サラリーマンの場合は、みなし経費が"給与所得控除"という名目で引かれる）のことで、つまりは税金を払う前の儲けのことです。単純に考えると、全国民の平均所得が「最も典型的な労働者の所得水準」を表しているような気がしますが、本当にそうでしょうか？

　図5-10は、日本の労働者の所得分布を表しています。より具体的には、所得を水準によって区切ったと

きに、それぞれの水準に属する労働者の人数を棒の長さで表したものです。このように、データを区間ごとに区切り、各区間に入るデータの個数を棒の長さで表したグラフを**ヒストグラム**と呼びます。**図5-10**は日本における所得のヒストグラムです。

ヒストグラムを見ると、年間所得200万円以上～300万円未満が最も人数が多いことが分かります。このように、ヒストグラムにおいて最も頻度が高い区間のことを**最頻値**(さいひんち)と呼びます。最も出現頻度が高い値なので最頻値です。つまり、日本の労働者で最も多いの

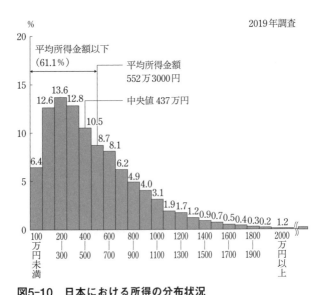

図5-10　日本における所得の分布状況
(厚生労働省「国民生活基礎調査　令和元年」より)

は所得200万円台ということになります。一方、所得の平均値はそれより高い552.3万円となっています。所得の平均値が最頻値より高いのは、所得が高めの人たちが平均値を引き上げているためです。所得水準が非常に高い人も一定数いるので、右に裾が長い分布となります。もし分布の形が左右対称なら、平均値は分布のちょうど真ん中に来るので、典型的な労働者の姿を表していると言うことができるでしょう。しかし、実際は分布が左右非対称であり、労働者の61.1％が平均所得以下となっています。つまり、平均値が典型的な労働者の所得水準を表しているとは必ずしも言えないのです。

　所得分布のように左右非対称な分布について考えるときは、データの水準感を表すために、平均値以外の数値を参考にすることがあります。1つは先ほど出てきた最頻値で、もう1つは**中央値**です。中央値とは、データを小さい順に並べたとき、ちょうど真ん中に来る値のことです。例えば、**表5-9**だと、時給が低い順にAさん、Bさん、Cさん、Dさん、Eさんと並んでいます。このとき、Cさんは上から数えても3番目、下から数えても3番目なので、ちょうど真ん中にいますね。つまり、Cさんの時給1000円が中央値に相当します。サンプルサイズが大きくなった場合も同様で、例えば1001人いれば501番目の人の時給が中央値です。ちなみに、データが偶数個のときはちょうど真ん中の値というものがないので、前後の平均を使いま

す。例えば、データが4個の場合は2番目と3番目のデータの平均を中央値とします。

　中央値の良いところは、極端なデータが混ざっていても、その影響を受けにくいところです。例えば、**表5-9**の場合、平均値は時給が飛び抜けて高いEさんのデータに引っ張られて2740円になりますが、中央値は1000円（Cさんの時給）です。このようなケースでは、Eさんは別格として、その他のA〜Dさんが平均的な水準と考えた方が妥当そうですね。中央値は、そういった実感に近い結果を返してくれます。データの中に混ざった極端な数値のことを**外れ値**と呼びますが、Eさんのデータは外れ値と考えて良さそうですね。中央値は、外れ値の影響を受けにくいという利点があります。

　平均値に加えて、最頻値と中央値も要約統計量の仲間です。平均値が最もよく使われる指標ではありますが、状況に応じて中央値や最頻値なども見ながらバランスの良い判断に役立てていきます。

記述統計学ができること

　ここで、簡単にまとめておきましょう。記述統計学を使えば、データからいろいろな知見を引き出すことができます。その基本となる考え方は「グラフ化」でした。データの分布を視覚化することで特徴をとらえ、客観性を持たせるために特徴を数値化したものが要約統計量です。要約統計量の中で最も重要なのは平

均値、分散、標準偏差ですが、必要に応じてその他の要約統計量、例えば中央値や最頻値なども参照します。分布の形として最もよく見られるのは正規分布だという話をしました。本来の分布からズレている異常な箇所が見つかれば、そこから兵役逃れなど重要な事実の発見につながることもあります。

5-2　推測統計学は料理の味見

一を聞いて十を知りたい

　記述統計学を使えばデータの分析がいろいろとできるわけですが、そもそもデータを完全にそろえることが難しい場合はどうすれば良いでしょうか？　そのようなケースは多々あって、例えば第1章で紹介した治験も一例になります。理想を言うと、新薬の治験を世界中の患者全員に実施してデータを集めるのが望ましいですが、そんなことはできるはずもないので実際は50人とか100人とか限られた患者で実施します。そのときに問題になるのは、何人集めたら治験の結果が信頼できると言えるのかということです。1〜2人では明らかに心もとないですが、100人だったら十分なのか、十分でないとしたら何人集めたら良いのかといったことは医者が勘で判断するわけにはいきません。

　そこで重要になってくるのは、全体を代表するような小さなデータセットを作り、それを調べることで全

体の状況を推測するという考え方です。そのような考え方に基づいているのが推測統計学です。記述統計学との違いが分かりにくいので、ここで整理しましょう。記述統計学は、目の前のデータを分析する手法です。推測統計学は、目の前のデータを使って全体の状況を推測するための手法です。つまり、目の前のデータに関心があるのが記述統計学、そこから推測される全体の状況に関心があるのが推測統計学というイメージです。

蛍光灯の寿命を調べる

　例えば、家電量販店で売っている蛍光灯には寿命の目安値が書いてありますが、あれはどうやって計っているのでしょうか？　生産したすべての蛍光灯を寿命になるまで点灯させて計るというやり方は非現実的なので、生産したもののうち一部を無作為（ランダム）にピックアップして試験しています。

　このように、全体の中からランダムにサンプルをピックアップして調べ、そこから全体の状況を推測するというのが推測統計学の基本的な考え方です。この考え方は、料理の味見に似ていると言えます。料理の味見はひと口で十分で、鍋全部を平らげてしまうことは決してしないでしょう。なぜならば、ごく一部を味見すれば、全体も同じ味であると推測できるからです。

　同じ設計図に基づいて生産された蛍光灯は、おおむね同程度の寿命を持っていると考えられます。しか

し、すべてが原子レベルで全く同じコピーというわけではなくて、生産時に生じた微妙な誤差の影響で少しだけ違ったものになっていると考えるのが自然でしょう。そうすると、寿命も全く同じにはならず、ある程度のバラつきがあるはずです。ですので、一部をランダムにピックアップして平均寿命を計算しても、それがすべての蛍光灯の平均寿命と一致する保証はありません。しかし、推測統計学の手法を使えば、すべての蛍光灯の平均寿命がどの範囲にありそうかということを示すことができます。

推測統計学の考え方を**図5-11**にまとめました。私たちが知りたいのは、製造したすべての蛍光灯の平均寿命です。このように、知りたい対象全部のことを推測統計学では**母 集 団**と呼びます。この場合、母集団は製造した蛍光灯すべてです。しかし、母集団はあまりに大きすぎて全部を調べることができないので、そこからいくつかの蛍光灯を抽出して調べ、その結果か

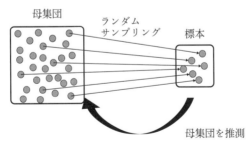

図5-11　推測統計学の考え方

ら母集団（すべての蛍光灯）の平均値（平均寿命）について推測します。ここで、母集団から抽出して作った部分的なデータセットのことを**標本**、または**サンプル**などと呼びます。

　ここで一点、大切な注意です。サンプルを抽出するときはランダムに選ばなければなりません。どういうことかというと、できるだけバイアスがかからないように選ぶということです。例えば、蛍光灯が5つの製造ラインでそれぞれ生産されている場合は、5つのラインそれぞれから抽出する必要があります。抽出したサンプルが特定のラインで製造されたものに偏っていた場合、全体を代表しているとは言えないからです。この「ランダムに選ぶ」ということが推測統計学では非常に重要です。母集団からデータをランダムに抽出することを、**ランダムサンプリング**と呼びます。

　例えば、水と油が分かれた状態のドレッシングをスプーンに垂らして味見をしても、上層にある油分の味しかせず、それがドレッシング本来の味だと判断したならそれは間違った判断でしょう。ドレッシングを振って十分に混ぜ合わせてから味見をすれば、そのドレッシング本来の味が分かります。つまり、ドレッシングを混ぜずに味見をするという方法は、サンプルの選び方にバイアスがかかるために間違った判断につながるのです。

　標本を選んだあとは、記述統計学のところで出てきた手順で平均値と標準偏差を計算します。ただし、推

測統計学では、母集団の数値と標本の数値を明確に区別するため、標本の平均値を**標本平均**、標準偏差を**標本標準偏差**と呼びます。そして、母集団の平均値のことを**母平均**と呼びます。つまり、要約統計量の名前の前に「標本」か「母」を付けることで区別します。従って、蛍光灯の寿命を調べる問題は、母平均を推測する問題ということになります。

　ここで、100本の蛍光灯を無作為にピックアップして試験した結果、寿命の標本平均が200時間、バラつきを表す標本標準偏差の数字が10時間だったとしましょう。母平均、すなわち生産されたすべての蛍光灯の平均寿命は、どの程度なのでしょうか？

　ここで注意ですが、平均寿命はズバリこの値！　といった形でピンポイントの数値を出すことはそもそもできません。というのも、あくまで一部だけを抽出しているわけですから、そこには誤差が生じるはずだからです。例えば、赤玉1万個と白玉1万個が入った袋からランダムに玉を10個取り出す場合、必ず赤と白が半々で出てくるわけではなく、赤が多かったり白が多かったりもあり得ます。このように、サンプリングの過程でたまたま本来の姿（赤玉と白玉が半々）からのズレが生じることがあるのです。従って、推定誤差も考慮した上で、平均寿命はこの範囲にあるはずといった形で（ピンポイントの数値でなく）区間を提示するのが合理的と言えます。このように、誤差を含めて一定の区間として推定値を示すことを**区間推定**と呼びます。

区間推定では、以下のような公式に当てはめて計算します。

〈**母平均の区間推定の公式**（±以降の部分は区間を表す）〉

$$標本平均 \pm t値 \times \frac{標本標準偏差}{\sqrt{サンプルサイズ-1}}$$

	t値（サンプルサイズが100の場合）
90％信頼区間	1.66
95％信頼区間	1.98
99％信頼区間	2.63

公式を見てみると、2つのパーツに分かれていることが分かります。第1項の「標本平均」と、第2項の「±〜」という部分です。第1項でいきなり「標本平均」が出てきているのは、まずは母平均イコール標本平均だと考えましょうということです。100本の蛍光灯をランダムに抽出しているのであれば、そうやって作った標本は母集団と同じ特徴を持っていると考えてよいはずです。ですから、基本的には母平均＝標本平均と考えて差し支えないだろうということです。

しかし、先ほど説明したように、誤差も考慮した上である程度の幅をもって見ておく必要があります。その幅を表しているのが、第2項の±〜という部分です。第2項を見ると、標本標準偏差を$\sqrt{サンプルサイズ-1}$で割った形になっていますね。つまり、標本標準偏差が

大きいほど、誤差も大きくなります。データのバラつきが大きいほど誤差も大きくなるということですね。

また、$\sqrt{サンプルサイズ - 1}$ という部分についてですが、サンプルサイズは抽出したデータの個数のことなので、この問題では100本の蛍光灯をピックアップしているため100です。つまり、抽出するデータが多いほど誤差は小さくなっていくということを意味しています。先ほどの袋に入った玉を取り出す例で言うと、取り出す玉が10個のときは赤に偏ったり白に偏ったりということは十分あり得ますが、取り出す玉の数を100個や1000個に増やしていけば、おおむね赤と白が半々で出てくることになるでしょう。つまり、取り出すデータの数が多くなるほど、本来の姿（白玉と赤玉が半々）からのズレは小さくなっていく傾向にあります。これと同じことが起きるわけです。

ここに、$\sqrt{}$ が付いているという点が大切なポイントです。例えば、誤差を小さくしたいときはサンプルサイズを大きくすればいいわけですが、$\sqrt{}$ が付いているので、誤差はそう簡単には減りません。誤差を10分の1にしたければ、サンプルサイズは10倍でなく約100倍にしなければならないのです。このように、サンプルサイズの平方根で誤差が小さくなっていくという特徴を踏まえてサンプルサイズを決めていきます。治験の場合、サンプルサイズは治験の参加人数に対応します。治験でどの程度の人数を確保する必要があるかも、このような誤差とサンプルサイズの関係によっ

て決まってきます。

　このような式になっている理由、つまり、なぜ√が付いているのか、なぜサンプルサイズから1を引くのかといった点については専門的な話になるので、あまり深入りしないようにしたいと思います。ちなみに、サンプルサイズが大きくなれば、−1という部分は計算結果にあまり影響しなくなるので、そこまで気にしなくて大丈夫です。

　第2項の「t値」は誤差の広がり具合を表す係数で、誤差をどれくらい保守的に見積もるかという方針によって決まります（サンプルサイズによっても多少変わります）。t値と呼ばれる理由は、推測統計学の生みの親であるウィリアム・ゴセットとロナルド・フィッシャーが、理論を形作っていく過程でこの係数にtという文字を当てていたためです。95％の確からしさを要求する場合は、t値が1.98になります。○○％の確からしさで推定した区間のことを○○％信頼区間と呼びます。どれくらいの確からしさを要求するかは状況によりますが、90％、95％、99％などと設定するのが一般的です。

　ここで、信頼区間という言葉の意味合いは、厳密に理解しようとすると結構難しいので、説明しておきたいと思います。母集団からランダムにデータを抽出して標本を作っているわけですが、抽出するデータを変えれば、別の標本を作ることができます。そして、その別の標本でも同様に母平均の区間推定を行うことが

できます。こうしたことを踏まえたうえで、95％の
信頼区間とは、「標本を作り直しながら何度も区間推
定を行った場合、そのうち95％（100回中95回）におい
て母平均がその区間の中に入っている」ことを意味し
ます。この辺の正確な意味合いはとてもややこしいの
で、軽く読み飛ばしていただいてかまいません。要す
るに、母集団をしらみつぶしに調べたわけではないの
で、100％正しいと言い切れるわけではないというこ
とです。推測統計学では、そこの割り切りが重要にな
ります。では、どれくらい信頼がおけるのかという点
を数学的に示して、どの程度の信頼性を求めるかの判
断は利用する側に任せるということです。

　以上を踏まえ、蛍光灯の平均寿命を95％の信頼区
間で、実際に数字を公式に当てはめて計算してみまし
ょう。

$$200 \pm 1.98 \times \frac{10}{\sqrt{100-1}} = 200 \pm 1.98 \times \frac{10}{9.95}$$
$$= 200 \pm 1.99$$

　よって、95％信頼区間は198〜202時間というこ
とになります。

人口10倍の国でも10倍の世論調査は不要

　区間推定の面白いところは、母集団そのもののサイ
ズ、つまり蛍光灯が全部で何本あるのかは式に出てこ
ないという点です。ワインのテイスティングをすると

き、ボトル1本だろうがボルドー・バレル（225リットルのワイン樽）だろうが、味見は一口で十分です。そのワインの味を知る上で、全体のサイズは関係ありません。それと似ていて、全体からランダムに抽出して作った標本ならば、全体の状況をよく表していると言えるのです。

　推定の正確さに母集団のサイズが関係しないということは、推測統計学の大切なポイントです。例えば、世論調査の例として内閣支持率がありますが、内閣支持率についても蛍光灯の寿命と同様に区間推定が可能です。その場合、サンプルサイズ＝有効回答数となるわけですが、調査の精度は、その国の人口とは無関係に有効回答数だけで決まります。つまり、中国の方が日本より10倍以上も人口が多いからといって、中国では10倍の人数にアンケートしないと同じ精度を出せないというわけではないのです。1万人へアンケートを取った場合、人口100万人の国なら総人口の1％を調べたことになりますが、人口1億人の国なら総人口の0.01％しか調べていないことになります。しかし、総人口の何割を調べたのかということは精度に関係せず、何人を調べたのかということが関係してくるわけです（補足ですが、推測統計学は母集団が調べきれないほど大きい場合を想定しています。したがって、ここでの話は人口数百人の村とかには当てはまりません）。

　ただし、アンケートを行う対象には全国民が等しい確率で選ばれるようでなければなりません。特定の性

別・年齢・人種などに偏っている標本では、国全体を代表しているとは言えないからです。調査対象をランダムに選びさえすれば、人口にかかわらず有効回答数で調査の精度が決まるという推測統計学からの帰結は、世論調査を設計する上での重要な前提になっています。

　だからこそ、世論調査においては無作為性を担保することがとても重要になります。よく使われるのは、コンピューターで電話番号をランダムに生成し電話をかけてアンケートをお願いするという方法です。それでも、最後の最後でバイアスがかかってしまうこともあります。例えば、ある特定の新聞社が世論調査を行った場合、その新聞社が好きな人は進んでアンケートに答えるでしょうが嫌いな人は無視するか断る確率が高くなります。結果として、有効回答の中にはその新聞社を支持する人が国全体における比率よりも多めに含まれることになります。地域や電話番号でいくら無作為性を担保しようとしても、こういったバイアスまで避けるのはなかなか難しいところです。新聞社によって内閣支持率の発表値が大きく異なったりするのは、このような理由によると考えられます。

5-3　ベイズ統計学は試行錯誤で賢くなる

ベイズ統計学の考え方

　3つめはベイズ統計学です。18世紀の数学者トーマス・ベイズがその基礎を作ったとされていますが、長い間、統計学の世界ではあまり注目されていませんでした。というのも、主流である記述統計学や推測統計学と考え方が大きく異なるため、有力な統計学者から異端視されていたからです。しかし、近年になって、ベイズ統計学は急速に注目されるようになりました。というのも、コンピューターの発展によってAI（人工知能）や機械学習の応用研究が盛んになり、ベイズ統計学がそういった分野と相性が良いことが分かってきたからです。ベイズ統計学は伝統的な統計学（記述統計学および推測統計学）に比べて、新しいデータが次々とやってくるような状況にうまく対処できるという点が大きく異なります。

　手元のデータを使って分析を行っていたところ、新しいデータが追加されてきたとしましょう。記述統計学や推測統計学では、新しく来たデータを今までのデータに追加した上で、分析を一からやり直す必要があります。というのも、記述統計学・推測統計学は、手元のデータをどう分析するか（あるいは手元のデータからどう全体を推測するか）というノウハウの集まりなので、既存のデータ／新しいデータという区別がそもそ

もないからです。従って、新しいデータが来た場合は、それを既存のデータに加えたものを新たな「手元のデータ」として、分析を初めからやり直す必要があります。しかし、それだと二度手間になってしまいますね。

　一方、ベイズ統計学では、既存のデータをもとに分析した結果を所与とした上で、新しいデータを踏まえてその分析結果をアップデートするという考え方を取ります。つまり、分析を一からやり直すのではなく、新しいデータを"学習"して分析をアップデートするのです。このようなベイズ統計学の考え方は、新しいデータが次々と生み出されるビッグデータ時代に非常にマッチしています。インターネットの検索エンジン、迷惑メールフィルタ、AIによる自動運転、お客さんが商品を買う確率の予測、がん検査など、様々な分野でベイズ統計学が活躍しています。

　何か分析を行うとき、いつも十分なデータが手元にあるとは限りません。しかし、データが足りないからと足踏みしていたら、何も始まりません。手元にあるデータから初期の予測を立て、まず一歩を踏み出すことが大切です。その後に新しいデータが手に入ったら、それを踏まえて予測を修正していけばよいのです。ベイズ統計学は、このような考え方に基づいています。ベイズ統計学では、予測を確率の形で表します。例えば、迷惑メールフィルタの場合、「このメールが迷惑メールである確率は70％」といった形で予測を出すわけです。そして、迷惑メールである可能性

がより高くなるような条件が見つかったら、「このメールが迷惑メールである確率は75%」といったように予測を修正していきます。このように、ベイズ統計学に基づいて予測をアップデートしていくプロセスをベイズ推定(すいてい)と呼びます。

ベイズ統計学でイカサマサイコロを見破る

　まずは、イメージをつかむことが大切です。具体的な例でベイズ推定がどんなものかを見てみましょう。

・・

【例題】　いかさまサイコロを見破れるか？

　あなたは、ラスベガスの治安を守る保安官です。とあるカジノの善良な従業員から、次のようなタレコミがありました。「このカジノで使われている100個のサイコロのうち、不正なサイコロが3個だけ混ざっている。不正なサイコロは、1の目が1/3の確率で出るようになっている。他の97個のサイコロはイカサマじゃないので、今まで客に気付かれることはなかった。不正なサイコロは巧妙に作られていて、見た目や重さからは全く区別がつかず、プロのイカサマ師以外には見分けることができない」

　あなたは急いでカジノを訪問し、「上官の命令で抜き打ち検査に来た。まあ、不正なんてしてないと思うけど、一応検査させてくれよ」といって、カジノで使われている100個のサイコロを集めてくるようオーナーに命じました。あなたはプロのイカサマ師ではない

ので、見た目や重さなどから不正なサイコロを見分けることはできません。そこで、実際にサイコロを振ってみることにしました。あるサイコロを振ると、5回連続で1の目が出ました。このサイコロが不正である確率はいくらでしょう？

....

　5回連続で1の目が出る時点で怪しさ満点ですが、普通のサイコロでも1が連続で出ることはあるので、これだけで不正なサイコロと決めつけるわけにもいきません。そこで、論理的な方法によって、そのサイコロが不正である確率を出したいと思います。ここで、私たちは2つの情報を持っています。

① 事前に分かっていること（タレコミの内容）
　　97個のサイコロ：1の目が1/6の確率で出る
　　3個のサイコロ：1の目が1/3の確率で出る
② 実際の経験
　　あるサイコロを振ってみると、1の目が5回連続で出た

　事前に分かっていることと、実際に試してみて得られた経験（データ）。この2つをうまく組み合わせると、何か分かるかもしれません。まず、事前に分かっている①からどんなことが言えるかを考えていきます。①を図にしてみると、**図5-12**のようになります。辺の長さ1の正方形が、起こりうるすべての出来

事を表していると思って下さい。つまり、100個のサイコロから1個を手に取って投げたときにどんな目が出るかという全パターンがこの正方形に含まれています。

すべてのサイコロのうち97%（0.97）は不正でないサイコロで、1/6の確率で1の目が出ます。従って、「不正でないサイコロで1の目が出る」というイベントは、ⓐの部分に対応します。一方、残りの3%（0.03）は不正サイコロで、1/3の確率で1の目が出るので、「不正なサイコロで1の目が出る」というイベントはⓑの部分に対応します。それ以外の白い部分は、「1以外の目が出る」というイベントに対応しています。

さて、①の情報を図形的に整理することができまし

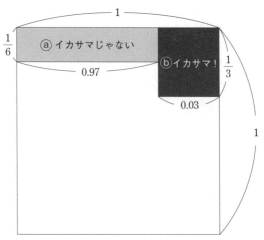

図5-12　確率の見取り図

た。では、保安官が実際にサイコロを振った経験をもとにした②の情報も考えてみましょう。

同じ要領で、サイコロを5回振ったときの**図5-13**を作ることができます。「1の目が5回連続で出る」というイベントの確率は、サイコロを1回振ったときに1の目が出る確率を5回掛ければいいので、普通のサイコロだと1/6を5回、不正サイコロだと1/3を5回掛けた値です。この図では、後で使うために次のような記号を設定しています。Pという文字は確率を表していて、確率を表す英単語probabilityの頭文字を取ったものです。

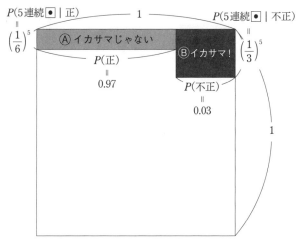

図5-13　5回振ったときの確率の見取り図

P(正)：サイコロが不正でない確率 = 0.97

P(不正)：サイコロが不正である確率 = 0.03

P(5連続●|正)：不正でないサイコロで5回連続で1の目が出る確率 = $(1/6)^5$

P(5連続●|不正)：不正サイコロで5回連続で1の目が出る確率 = $(1/3)^5$

「あるサイコロを振ってみると1の目が5回連続で出た」というイベントは、**図5-13**で言えばⒶの部分またはⒷの部分に対応します（他の白い部分はそれ以外の目が出たイベントに対応しています）。つまり、②の経験によって、可能性が「Ⓐ＋Ⓑ」の範囲まで絞られたわけです。このうち、サイコロが不正であるのはⒷのみです。よって、5回連続で1の目が出たときにそのサイコロが不正である確率は、「Ⓑの面積÷（Ⓐの面積＋Ⓑの面積）」で表すことができます。ⒶとⒷはどちらも四角形なので、その面積は縦の長さ×横の長さで計算できます。つまり、

サイコロが不正である確率

$$= \frac{Ⓑの面積}{Ⓐの面積＋Ⓑの面積}$$

$$= \frac{Ⓑの縦の長さ×Ⓑの横の長さ}{Ⓐの縦の長さ×Ⓐの横の長さ＋Ⓑの縦の長さ×Ⓑの横の長さ}$$

$$= \frac{P(5連続●|不正)×P(不正)}{P(5連続●|正)×P(正)＋P(5連続●|不正)×P(不正)}$$

$$= \left[\frac{P(5連続\boxed{●} \mid 不正)}{P(5連続\boxed{●} \mid 正) \times P(正) + P(5連続\boxed{●} \mid 不正) \times P(不正)} \right] \times P(不正)$$

　式展開の最後のところで、敢えて$P(不正)$とそれ以外のパーツを分けました。この式を見てみると、右辺の一番右側にある$P(不正)$は、サイコロ全体に占める不正サイコロの割合3％（0.03）を意味していて、保安官が事前に知っていた情報です。従って、追加の情報が何もなければ、保安官が適当にピックアップしたサイコロが不正である確率は3％のはずです。しかし保安官は、そのサイコロについて"振ってみたら5回連続で1の目が出た"という新しい経験（データ）を得たので、そのサイコロが不正である確率は高まっています。つまり、左辺の「サイコロが不正である確率」とは、"振ってみたら5回連続で1の目が出た"という新しい経験（データ）を踏まえた上でアップデートされた確率を意味します。ということは、[ ]内は新しいデータの影響を表していることになります。まとめると、この式は、

　　アップデートされた確率
　　　　＝新しいデータの影響×もともとの確率

という形をしていることが分かります。つまり、もともとは不正サイコロが100個中3個、つまり3％含まれているということだけが分かっていたのですが、サイ

コロを実際に振ってみることで確率が調整され、さらに正確な値になるという学習プロセスの様子が式で表されているのです。

ベイズ統計学では、最初に分かっていることだけを元にして事前に設定した確率を**事前確率**、その後に得られた経験（データ）に基づいてアップデートされた確率を**事後確率**と呼びます。つまり、最終的に式を次のようにまとめることができます。

〈ベイズの定理〉

事後確率＝新しいデータの影響×事前確率

この式は「ベイズの定理」と呼ばれていて、ベイズ統計学の根幹をなす重要な数式です。要するに、新しいデータの影響を掛け算するだけで確率をアップデートできてしまいますよということです。この定理の便利なところは、何回も繰り返し使うことができるという点です。つまり、新しいデータに基づいて事後確率を計算したあと、さらに新しいデータが入ってきたら、その事後確率を事前確率とみなしてベイズの公式をもう一度当てはめればOKです。そうやって、新しいデータが入ってくるたびに予測をアップデートしていくことが可能です。

さて、実際にサイコロの例で計算してみましょう。

サイコロが不正である確率

$$= \left[\left(\frac{1}{3} \right)^5 \div \left\{ \left(\frac{1}{6} \right)^5 \times 0.97 + \left(\frac{1}{3} \right)^5 \times 0.03 \right\} \right] \times 0.03$$

$$= 0.50 \qquad \text{（小数第3位を四捨五入）}$$

ということで、確率50％となります。事前に分かっている情報①からだけだと、たまたま取り出したサイコロが不正なものである確率は3％でした。それが、「5回連続で1の目が出た」という経験を踏まえて確率をアップデートすると、不正なサイコロである確率が50％まで高まったわけです。まとめると、以下のようになります。

　事前確率：サイコロが不正である確率は3％

　　　　　　　　　　（100個のうち3個が不正）

↓

「サイコロを振ったら、5回連続で1の目が出た」という経験

↓

　事後確率：サイコロが不正である確率は50％

　さらにサイコロを振って、6回連続で1の目が出たとしたら、このサイコロが不正である確率は66％まで上がります。7回連続で出たとしたら確率は80％まで上がります。グラフにしてみると**図5-14**のようになります（不正サイコロで1の目が出る確率は1/3なので1以外の目も出る可能性があるのですが、ここでは状況を簡単にするた

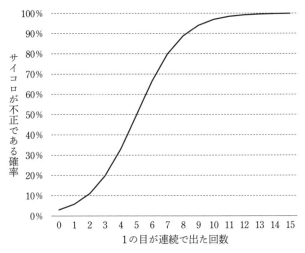

図5-14　1の目が連続で出た回数とサイコロが不正である確率の関係

め1の目だけが出続けている状況を考えています）。「サイコロを振って1の目が出た」という経験（データ）を積むごとに、推定される確率が変わっていきます。まるで人間のように経験から学習していくわけです。

自動運転車のAIはベイズ推定で学習する

　ここで応用例を紹介しましょう。自動運転車では、人間に代わってAIが運転してくれるわけですが、そのAIにもベイズ推定が応用されています。自動運転は、車間距離や歩行者の動きなど次々と入ってくる新しいデータを学習しながら運転していく必要があるの

で、ベイズ統計学と相性が良い分野です。

　車間距離を保ちつつ、対向車線にはみ出さないよう行儀よく走行するために必要なのは、車体の現在位置の正確な把握です。自動運転車には、ビデオカメラやレーザー・レーダー（レーザーを使って障害物を検知する機器）などの各種センサーが搭載されていて、それらのセンサーから来る情報に基づいてAIが車体の現在位置を把握しています。GPS（全地球測位システム）とも連動しているのですが、あくまでセンサーからの情報が主役で、GPSは脇役に過ぎません。なぜならば、はるか上空のGPS衛星と通信することで把握できる位置情報は、誤差もそれなりに大きいからです。

　ただし、センサーから送られてくるデータにはノイズも含まれているので、センサーからの情報だけでは、正確な現在位置を把握することはできません。そこで、自動運転車のAIは、現在位置について「今はこの辺にいるはず」という推論を行い、それをセンサーのデータと照合するという方法によって精度を上げています。

　AIの推論について、図5-15に示しました。センサーのデータにはノイズが含まれるので、100％確実に現在位置を特定することはできません。そのことを踏まえて、推定位置は確率の形で表されます。グラフの横軸は、推定された現在位置を表しています。縦軸は、車体が本当にその位置にいる確率を表しています。山が高いほど、車が本当にその位置にいる可能性

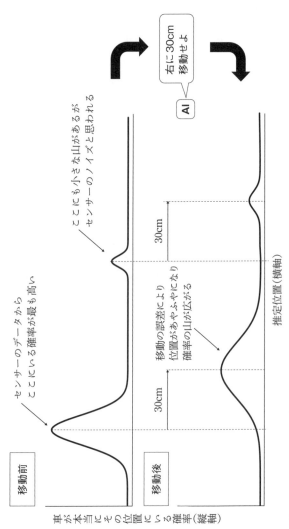

図5-15 AIによる現在位置の推論

が高いことを意味します。

　ここで、走行中の車体が道路のセンターラインに寄ってきたので、進行方向右手に30cm移動せよという指示をAIが出したとします。AIは、自分が下した命令を元に、移動後の現在位置を推論します。つまり、「自分（AI）が出した命令に基づけば、現在位置はこうなるはずだよね」というAIなりの予測を立てるわけです。ただし、車体の動きには誤差が伴うので、ぴったり30cm移動できるとは限りません。実際に移動した距離は29cmだったり31cmだったりする可能性があります。そういった移動の誤差を考慮して、確率の山を低めに見積もります。

　次のステップとして、30cm移動した後に、センサーから新しく来た情報に基づいて現在位置を推定します（図5-16の上段グラフの破線）。このとき、新たに来たデータにノイズが含まれている場合は、図のように山が複数現れることがあります（右側の小さい破線の山がノイズ由来のものです）。

　最後に、センサーからの情報に基づく確率の山（図5-16の上段グラフの破線）と、AI自身の予想に基づく確率の山（図5-16の上段グラフの実線）を掛け算します。すると、どちらの山も高かった部分については高いピークとなる一方で、そうでない部分については山が低くなるので、可能性の高い位置が浮き出てきます（図5-16の下段グラフ）。要するに、AIの意見とセンサーの意見が一致した場所を現在位置とみなすわけです。セ

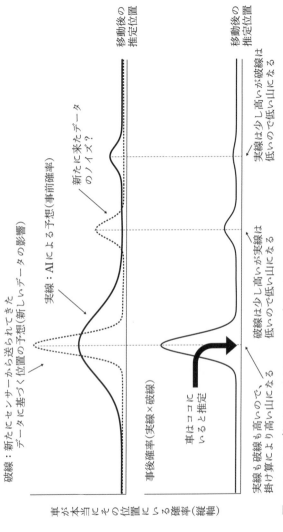

破線：新たにセンサーから送られてきた
データに基づく位置の予想（新しいデータの影響）

実線：AIによる予想（事前確率）

新たに来たデータ
のノイズ？

移動後の
推定位置

事後確率（実線×破線）

車はココに
いると推定

車が本当にその位置にいる確率（縦軸）

破線は少し高いが実線は
低いので低い山になる

実線は少し高いが破線は
低いので低い山になる

移動後の
推定位置

実線も破線も高いので、
掛け算により高い山になる

図5-16 ベイズ推定による推論のアップデート

290

ンサーの新しい情報が掛け算で反映される点から、これがベイズ推定であることがお分かりいただけるかと思います。つまり、ここではAIの予想が「事前確率」、センサーから新たに来たデータに基づく予想が「新しいデータの影響」、それを掛け算した結果が「事後確率」に対応しています。このように自動運転車が周囲の状況に応じて臨機応変に対応できるのは、学習により精度を高めていくベイズ推定が基礎にあるからなのです。

ベイズ推定は他にも数え切れないほどの応用例があり、著者自身も株式投資戦略の研究においてベイズ推定を使った経験があります。具体的には、株価の値動きを微分方程式（第4章参照）で表し、その方程式に出てくる株価の収益率や変動率といったパラメーターの値を推定するために使いました。市場における株価の実際の値動きをベイズ推定によって学習させ、パラメーターの推定精度を上げていったわけです。データを学習して精度を上げていくという考え方はあらゆる分野において有用なので、ベイズ推定の応用範囲は今後ますます広がっていくことでしょう。

5-4　統計学はデータが命

おいしい料理は素材次第

統計学の全体像について紹介してきましたが、最後に、実は統計学において一番大事とも言えることに触

れておきたいと思います。それは、「分析を始める前にデータをしっかり確認すること」です。

　第1章で出てきた臨床試験の例では100人の患者を50人ずつの2グループに分け、一方のグループには新薬を、もう一方のグループには見た目が同じだけれども有効成分が入っていない偽薬を処方しました。そして、患者が回復するまでの日数のデータから、新薬によって回復が早まったかどうかを判定するという内容でした。なぜわざわざ偽薬を用意するのかというと、第1章で説明したように、薬だと信じ込むことで症状が改善する「プラセボ効果」が生じる場合があるからです。治験では、新薬など新しい治療を施すグループを「治療群」、比較対象として偽薬を処方するグループを「対照群」と呼びますが、治療群と対照群は有効成分を投与されているか否かという点以外は条件が同じでなければなりません。そうでないと有効成分以外の要素がデータに影響してしまうからです。この例が示すように、対照群は調べたい事柄以外の条件をできる限り一致させる必要があります。データを集める段階で目的に応じて細心の注意を払うのが統計学の鉄則です。

　本章では、記述統計学の説明のために身長のデータを例に出しました。あれは、個人差による身長のバラつきを見せたかったのですが、使ったデータは、文部科学省が集計した高校生の身体測定記録のうち17歳男子のものです。このデータにした理由は2つありま

す。1つめは「信頼性」に関するもので、全国の高校生の身体測定結果を文部科学省が集計したデータなので、数値としての信頼性が高いと考えられるためです。成人男性も会社の定期健診などで身長を記録するのでデータは手に入るかもしれませんが、昨年の身長をそのまま記載したり自己申告だったりなど、本当にきちんと測定した値という保証はありません。他にも、婚活サイトにおける男性の登録情報から身長データを集計するといった方法もあるかもしれませんが、身長をサバ読みしている人たちのデータが混ざっている可能性が高いので、注意が必要です。

　2つめの理由は「妥当性」に関するもので、17歳は学校の身体測定結果が入手できる最後の年齢だからです。小学生から高校生にかけては成長が著しいので、月齢差の影響も無視できません。例えば、7歳の身体測定データの中には、7歳0ヵ月も7歳11ヵ月も混ざっていると考えられます。この場合、成長著しい年齢なので、身長差が生じる要因としては個人差だけではなく月齢差（何ヵ月目か）も大きいと考えられます。一方、17歳にもなると成長が落ち着いてくるので、身長のバラつきはおおむね個人差から来ると考えて差し支えないでしょう。

　このように、信頼性の高いデータソースなのか、目的に照らして適切なデータなのかといった点は事前の確認が必要です。

疑わしい数値は事前チェックしておく

　データに誤った数値が混ざっていないかどうか事前にチェックしておくことも大切です。例えば、身長のデータの中に、「1700cm」や「1.70cm」という数値が混ざっていたとしましょう。これらは、身長のデータとしては明らかに大きすぎる、または小さすぎる値になっています。恐らく、数値を測定または入力する人が、前者はミリメートル表記、後者はメートル表記だと勘違いしてしまったのでしょう。このように、他のデータと比較して極端に大きい値または小さい値のことは、既に紹介したように外れ値と呼びます。外れ値がある場合は、測定や入力のミスではないかと疑ってかかる必要があります。何らかのミスである場合は、その数値を異常値とみなし、データから除外します。

　ただし、外れ値が必ず異常値であるとは限りません。例えば、2008年の金融危機（リーマンショック）や2020年のコロナショックのとき、株価は通常ではありえないほど大きく下落しました。株価のデータを見ると、その時期の騰落率は外れ値とみなすことができるわけですが、それらは測定や入力のミスではなく、実際に起きたことです。つまり異常値ではないため、除外してはいけません。

ビッグデータ時代を生きるために

　以上が統計学の全体像です。繰り返しになりますが、統計学は俯瞰的な視点でデータの特徴をとらえ、

そこから知見を得るための学問です。だからこそ、データが溢れる現代社会において大きな注目を浴びているのです。統計学では、一見すると数学らしからぬ「推測」や「学習」といったキーワードが出てくるため分かりづらく感じるかもしれませんが、すべては世の中のニーズに応えるために編み出された考え方です。データの量が多くて全体感がつかみにくいとき（この場合は記述統計学が活躍）、全体のごく一部しか分からないとき（この場合は推測統計学が活躍）、新しいデータが次々と入ってくるとき（この場合はベイズ統計学が活躍）など、データを扱う際に直面するだろう現実的な課題に対して統計学はソリューションを提供しています。データの活用がビジネスを左右する現代社会において、統計学の重要性はますます高まっていくでしょう。

あとがき

　この「あとがき」を読んでいる貴方は、本書を手に取る前の貴方とは一味違った存在になっています。数学思考が脳にインストールされたことにより、世の中の動きや仕事上の様々な課題について、今までとは違った数理的な視点からも眺められるようになったことでしょう。頭脳にもとから備わっていた文系のソフトウェアに加えて理系のソフトウェアもインストールされたことでアイデアの引き出しも広がったことと思います。

　本書を読んでいく中で、時には慣れない考え方や初めて聞く用語が出てきて大変な思いをされたかもしれません。こういった体験は学問の醍醐味だとも言えます。筋肉が負荷をかけることで増大するのと同じように、数学の思考力は脳への適度な負荷によって鍛えられていきます。脳に汗して本書を読んだ努力が身になっていることを、きっとこれから皆さんは実感すると思います。

　もし、貴方の周囲にも数学に苦手意識を持つ方や教養としての数学に興味を抱く方がいらっしゃれば、ぜひとも本書を勧めてあげて下さい。
「どんな特徴がある本なの？」と聞かれた場合に備え、著者が思う本書の特徴について記しておきたいと思います。まずは、文系的な思考（＝ビジネス的な思

考）と対比させて説明している点が最大の特徴と言えます。それに加え、著者は執筆において次の3つを心掛けていました。

1. 大事な専門用語を丁寧に解説する
2. 細かい計算よりも考え方の理解を重視する
3.「なぜ数学を学ぶのか」という問いに向き合う

これら3つは本書を書く上で重要な指針でした。「はじめに」ではその一端にだけ触れましたが、ここであらためて詳しくご説明したいと思います。

1. 大事な専門用語を丁寧に解説する

本書では、数学に苦手意識を持っている方を想定し、思考のプロセスを省略せず丁寧に解説することを心掛けました。また、数学を分かりづらくしている最大の要因とも言える専門用語についても、登場する都度、なるべく詳しい説明を加えました。数学に限らずとも、分からない専門用語が出てきたために話の流れを見失うという展開は、誰しも経験したことがあるでしょう。そこで本書の各章では、それぞれの分野を理解する上でキーとなる専門用語について詳しく解説しました。専門用語の語源にまで遡って説明することで、納得感が高まるように工夫したつもりです。

専門用語をなるべく出さず、日常の言葉で置き換えて説明するという書き方もあり得たでしょうが、そう

いう書き方はしませんでした。なぜかというと、数学の全体像を把握する上では、基本的な専門用語の理解が不可欠だと考えたからです。それに、数学の専門用語を理解することによって、理数系の話題についていきやすくなるという実用的なメリットもあります。

本書に出てきた専門用語は、広大な数学の世界の入り口付近にある基本的なものに過ぎません。しかし、それらを把握しているだけでも、数理的なバックグラウンドを持つ人たちの会話内容がぐんと理解しやすくなると思います。それに、昨今はビッグデータ、AI、自動運転、新型コロナの感染シミュレーションなど高度な数学が関わるニュースがますます多くなっているので、世の中の流れをより深く理解する上でも専門用語の理解が大いに役立つに違いありません。

2. 細かい計算よりも考え方の理解を重視する

本書は、本格的な計算をマスターすることを意図した内容にはなっていません。数学全体を俯瞰し、その思考法を身に付けることを目標としています。「はじめに」でも書きましたが、現代において求められているのは、細かい計算を実行する能力よりも、むしろ数学の全体感や基本的な思考法の理解です。

実際のところ、仕事などで微分方程式を解いたり、複雑な数式を自分で作ったりする必要があるのは、（著者も含めた）ごく限られた職種の人たちだけでしょう。数理的なバックグラウンドを持つ人たちでも、中

学・高校・大学で学んだ公式や細かい計算手順はすっかり忘れているという方が大半だと思います。それでも、学生時代に習得した数学の思考法が社会人になっても身を助けるので、理系人材として企業や官公庁で重宝されている人がたくさんいます。理系の人が中学・高校・大学の10年間で身に付ける数学の思考法を、エッセンスだけぎゅっと絞ってまとめたのが本書です。

3.「なぜ数学を学ぶのか」という問いに向き合う

　本書を執筆するにあたっては、なぜそういう数学が必要なのか、なぜそう考えるのか、社会や自分にどう役立つのかといった点を丁寧に解説することで、「数学を学ぶモチベーション」を高める工夫に努めました。なぜならば、現代の数学教育に最も足りないものがまさにそれだからです。中学・高校の教科書に登場する数学は、人間のニーズとは切り離された高尚な学問としてお化粧されてしまっています。しかし、本書でさんざん見てきたように、数学が発展してきた背景には、社会の課題をなんとか解決したいという人間のニーズがあったのです。「必要は発明の母」とも言うように、数学の各分野は、それを必要とする人がいたからこそ生まれてきました。

　数学を学ぶ動機づけがあいまいなまま、いきなり専門用語の定義や計算方法だけを教えられれば、「数学ってよく分からない。面白くない」となってしまうの

は当然です。数学自体が好きな学生はそれでも喜んで勉強するでしょうが、そうでなければ受験対策で嫌々ながら学び、社会人になっても苦手意識を引きずるという結果になります。だからこそ、本書では数学を学ぶ意義を感じていただくため、各分野の有用性や背後にある社会のニーズ、ビジネスへの応用例などを説明してきました。

　以上の3点を心掛けつつ、全力投球で5章まで書き上げました。本書の内容が少しでも読者の皆さんの参考になれば、著者にとって望外の喜びです。

　最後になりますが、本書は多くの方々のサポートによって誕生しました。そもそもは、青木 肇さん（講談社）が企画の骨子を考えて下さったところからスタートしています。原稿を徹底的に読み込んで下さった姜 昌秀さん（講談社）からは、貴重なアドバイスをたくさんいただきました。姜さんのアドバイスによって、自分でも気付かなかった原稿の改善点を多く見つけることができました。遠山怜さん（アップルシード・エージェンシー）には、講談社とのコミュニケーションをサポートしていただいたことに加え、原稿について貴重なアドバイスをいただきました。中島英樹さんは、センスにあふれたステキなカバーを作成して下さいました。私に原稿を執筆する時間を与えてくれて、「睡眠時間だけは削っちゃだめよ」と健康を気遣う言

葉をくれた妻にも感謝しています。そして何よりも、本書を手に取って下さった読者の皆さんに心より感謝します。ここまで読んで下さって、本当にありがとうございました。

2021年5月31日　東京都の片隅にて

冨島　佑允

イラスト：Zdenek Sasek　©zdeneksasek / PIXTA（ピクスタ）
著者エージェント：アップルシード・エージェンシー

講談社現代新書　2623

数学独習法

2021年6月20日第1刷発行　2022年4月12日第7刷発行

著　者　冨島佑允　©Tomishima Yusuke 2021

発行者　鈴木章一

発行所　**株式会社講談社**
　　　　東京都文京区音羽二丁目12-21　郵便番号112-8001

電　話　03-5395-3521　編集（現代新書）
　　　　03-5395-4415　販売
　　　　03-5395-3615　業務

装幀者　中島英樹

印刷所　**株式会社ＫＰＳプロダクツ**

製本所　**株式会社国宝社**

本文データ制作　**講談社デジタル製作**

定価はカバーに表示してあります　Printed in Japan

本書のコピー、スキャン、デジタル化等の無断複製は著作権法上での例外を除き禁じられています。本書を代行業者等の第三者に依頼してスキャンやデジタル化することは、たとえ個人や家庭内の利用でも著作権法違反です。Ⓡ〈日本複製権センター委託出版物〉複写を希望される場合は、日本複製権センター（電話03-6809-1281）にご連絡ください。落丁本・乱丁本は購入書店名を明記のうえ、小社業務あてにお送りください。送料小社負担にてお取り替えいたします。なお、この本についてのお問い合わせは、「現代新書」あてにお願いいたします。

N.D.C.410　302p　18cm
ISBN978-4-06-524358-9

「講談社現代新書」の刊行にあたって

教養は万人が身をもって養い創造すべきものであって、一部の専門家の占有物として、ただ一方的に人々の手もとに配布され伝達されうるものではありません。

しかし、不幸にしてわが国の現状では、教養の重要な養いとなるべき書物は、ほとんど講壇からの天下りや単なる解説に終始し、知識技術を真剣に希求する青少年・学生・一般民衆の根本的な疑問や興味は、けっして十分に答えられ、解きほぐされ、手引きされることがありません。万人の内奥から発した真正の教養への芽ばえが、こうして放置され、むなしく減びさる運命にゆだねられているのです。

このことは、中・高校だけで教育をおわる人々の成長をはばんでいるだけでなく、大学に進んだり、インテリと目されたりする人々の精神力の健康さえもむしばみ、わが国の文化の実質をまことに脆弱なものにしています。単なる博識以上の根強い思索力・判断力、および確かな技術にささえられた教養を必要とする日本の将来にとって、これは真剣に憂慮されなければならない事態であるといわなければなりません。

わたしたちの「講談社現代新書」は、この事態の克服を意図して計画されたものです。これによってわたしたちは、講壇からの天下りでもなく、単なる解説書でもない、もっぱら万人の魂に生ずる初発的かつ根本的な問題をとらえ、掘り起こし、手引きし、しかも最新の知識への展望を万人に確立させる書物を、新しく世の中に送り出したいと念願しています。

わたしたちは、創業以来民衆を対象とする啓蒙の仕事に専心してきた講談社にとって、これこそもっともふさわしい課題であり、伝統ある出版社としての義務でもあると考えているのです。

一九六四年四月　野間省一